国家重点研发计划(2016YFC0501107)
国家自然科学基金联合基金重点项目(U1361214

基于 SAR 影像的矿区大量级地表形变监测方法研究

黄继磊　雷少刚　邓喀中　著

中国矿业大学出版社

内 容 提 要

本书针对我国西部矿区因煤炭资源高强度开采而导致的大量级、大梯度的地表形变,借助 SAR 影像,采用 InSAR 方法与 Pixel－tracking 方法相结合,实现矿区地表形变的精细化监测。

本书可供从事矿山开采沉陷及矿区环境治理的科技工作者、工程技术人员及测绘、采矿等专业研究生参考。

图书在版编目(CIP)数据

基于 SAR 影像的矿区大量级地表形变监测方法研究 /
黄继磊,雷少刚,邓喀中著. —徐州 ：中国矿业大学出
版社,2018.7

　ISBN 978－7－5646－3905－1

　Ⅰ.①基…　Ⅱ.①黄…②雷…③邓…　Ⅲ.①合成孔
径雷达－应用－煤矿－矿区－地面沉降－监测　Ⅳ.
①TD327

中国版本图书馆 CIP 数据核字(2018)第032292号

书　　　名	基于 SAR 影像的矿区大量级地表形变监测方法研究
著　　　者	黄继磊　雷少刚　邓喀中
责任编辑	何　戈
出版发行	中国矿业大学出版社有限责任公司
	（江苏省徐州市解放南路　邮编 221008）
营销热线	(0516)83885307　83884995
出版服务	(0516)83885767　83884920
网　　　址	http：//www.cumtp.com　E-mail：cumtpvip@cumtp.com
印　　　刷	徐州中矿大印发科技有限公司
开　　　本	787×1092　1/16　**印张** 10　**字数** 188 千字
版次印次	2018 年 7 月第 1 版　2018 年 7 月第 1 次印刷
定　　　价	28.00 元

（图书出现印装质量问题,本社负责调换）

前　　言

　　中国是煤炭生产和消费大国,大量煤炭资源的开采在为经济建设做出重要贡献的同时也带来一系列的环境和地质灾害问题,加强对矿区因煤炭资源开采引起的地表形变的监测,对于矿区生态环境修复和灾害预防及管理具有重要意义。InSAR 技术的出现为矿区形变监测提供了一种新的方法,然而由于地表下沉盆地形变梯度的局限性,基于相位解缠的 InSAR 技术很难有效获取高强度开采过程中地表的大量级形变,只能对下沉盆地边缘小量级形变进行有效监测。基于 SAR 影像强度信息的 Pixel-tracking 方法为矿区大量级、大梯度地表形变的监测提供了一种新的技术手段。本书重点研究基于 SAR 影像的矿区大梯度、大量级地表形变的精细化监测,其主要研究内容和成果总结归纳如下:

　　(1) 总结了现有 InSAR 技术监测矿区形变的研究现状,阐述了 D-InSAR、时序 InSAR 及 Pixel-tracking 方法的基本原理,依据概率积分法模拟地表下沉,分析了不同波长、不同像元尺寸的 TerraSAR-X 影像、Radarsat-2 影像和 ALOS-PALSAR 影像监测矿区形变的适用性。

　　(2) 提出一种局部自适应窗口的 Pixel-tracking 方法。利用概率积分法地表移动预计模型模拟不同地质采矿条件下引起的不同量级的地表形变,把模拟的形变加入三种不同像元尺寸的 SAR 影像强度信息中,研究了互相关窗口大小、像元尺寸大小、互相关系数内插因子等因素对 Pixel-tracking 方法监测精度的影响。发现过小的互相关窗口会造成像元误匹配现象,过大的互相关窗口会造成下沉盆地的"形变压缩"现象;对过大的互相关窗口造成下沉盆地"形变压缩"现象的原因进行分析,对 SNR 进行重新定义;依据矿区形变特征,对互相关系数峰值匹配位置进行约束,大幅减少了像元误匹配出现的概率;基于重新定义的 SNR,通过在一定的区间内变换窗口步长寻找 SNR 最大值,SNR 最大值对应互相关窗口即为最优互相关窗口。基于最优互相关窗口对矿区形变进行监测,通过采用覆盖大柳塔矿区 52304 工作面 Radarsat-2 影像进行验证,证明该方法相对于固定互相关计算窗口的 Pixel-tracking 方法能够明显提高监测精度。

　　(3) 提出一种顾及地形影响因素改正的 Pixel-tracking 方法,削弱地形因素对 Pixel-tracking 监测精度的影响。利用时间序列 SAR 影像强度和标准差双阈值约束的方法对 SAR 影像中影像强度保持稳定的点进行初步筛选,按照均匀分布原则和避免采空区影响原则,对初选稳定点进行精炼,根据精炼后的稳定点下沉信息,采用最小二乘多项式曲面拟合方法对 Pixel-tracking 方法监测结果中的轨道误差、大气误差及部分地形误差进行削弱;依据稳定点的残差,引入外部 DEM 数据,基于高程信息进行二次多项式拟合,削弱地形因素对 Pixel-tracking 方法监测精度的影响,并采用 52304 工作面地表实测数据进行验证。

(4) 采用 SBAS-InSAR 思想对 Pixel-tracking 方法的监测结果按照一定的时空基线约束进行组合,采用观测时段的形变量代替平均形变速率进行解算,获得每个观测时段的最优解,结合工作面开采掘进速度,对小基线集 Pixel-tracking 方法得到的时序形变结果进行分析,并结合地表移动观测站 GPS 数据评价了时序小基线集 Pixel-tracking 方法的监测精度。

(5) 优化多平台联合解算获取三维形变的模型,利用两个平台 SAR 数据可获取矿区三维形变场。根据 Pixel-tracking 方法既可以监测卫星视线向形变又可以获取方位向形变的特点,采用 TerraSAR-X 卫星和 Radarsat-2 卫星两个不同平台的时序 SAR 影像 Pixel-tracking 监测结果进行联合解算,获得 52304 工作面下沉盆地三维形变场,并根据地表移动观测站实测数据,对基于 Pixel-tracking 方法联合解算获取的三维形变场监测精度进行了评定。

(6) 提出一种先验定权的时序 InSAR 与 Pixel-tracking 监测结果融合方法。采用四种时间序列 InSAR 方法对 52304 工作面地表下沉盆地边缘小量级形变进行监测,并依据地表移动观测站 GPS 数据对四种时序 InSAR 方法矿区小量级形变监测精度进行评价,获得矿区高精度小量级地表形变监测结果;采用时序小基线集 Pixel-tracking 技术对 52304 工作面大量级、大梯度形变进行监测,依据先验方差定权对时序 InSAR 方法的监测结果和时序 Pixel-tracking 的监测结果进行融合,并根据融合结果获取开采沉陷部分参数。

(7) 采用 MAI 技术对矿区方位向水平移动获取进行试验研究。对 MAI 技术的原理和数据处理流程进行了详细介绍;从理论上对该方法的监测精度进行分析,结合矿区形变实际特征分析了该方法在矿区应用的局限性;针对大柳塔矿区 52304 工作面,分别采用 MAI 技术和 Pixel-tracking 技术获取到的地表方位向形变信息进行交叉验证,二者监测结果一致。

作者
2017 年 12 月

目　录

1　绪　　论

1.1　研究背景及意义

我国是一个多煤少油、以煤炭消费为主的世界最大的能源消费国,煤炭的年消费量占世界煤炭年消费总量的 50％。煤炭在我国一次性能源消费中的比例在 64％以上。在中国,93％以上的煤炭来自于井工开采[1]。地下煤层的高强度、大规模开采在为中国的经济建设及社会发展做出重大贡献的同时,也给矿区带来严重的环境地质灾害问题[2-4]:地表沉陷,建筑物及农田破坏,土地沙漠化,采空区积水,铁路、公路等公共基础设施的破坏等(图 1-1)。地下煤炭资源开采造成的地表沉陷是矿区生态系统破坏的源头。因此,做好煤炭资源井工开采地表沉陷的监测及预测工作对矿区环境地质灾害预防和治理及矿区生态环境的修复具有重要的现实意义。

(a)　　　　　　　　　　　(b)

(c)　　　　　　　　　　　(d)

图 1-1　采煤引起环境地质灾害图

（a）房屋墙体裂缝；（b）路面断裂；（c）采空区积水；（d）地表破裂

　　常规的煤矿开采沉陷变形监测主要以 GPS、全站仪、水准仪等常规测量手段为主。这些方法只能获取沉陷盆地主断面上布设的监测站点的形变,根据监测站点的形变来反演整个下沉盆地的变形情况[5]。这种以点概面的方法具有很大的局限性,不能客观地反映地表形变的动态过程。随着空间对地观测技术的进步,差分干涉合成孔径雷达技术(D-InSAR)作为一种新的技术具有全天候、不受云雨遮挡影响、能够从面域获取地表下沉特征的特点,广泛应用到空间对地形变监测中[6-9]。干涉合成孔径雷达技术的发展为矿区地表形变监测带来了新的机遇和挑战。这种依靠相位测量的方法能够以毫米级的精度监测矿区沿雷达视线方向的地表形变,但这种方法受到形变梯度的制约。当相邻两个像元的形变梯度超过相位解缠的阈值时,就会造成相位解缠失败,无法正确恢复矿区形变。

　　随着 InSAR 测量技术的快速发展,一些新型的时间序列方法开始出现并应用到矿区形变监测中,如短基线集差分干涉测量技术(SBAS-DInSAR)、永久散射体干涉测量技术(PS-InSAR)、相干点目标干涉测量技术(ITPA-InSAR)、临时相干点干涉测量技术(TCP-InSAR)等。这些新技术的出现,提高了矿区形变的监测精度,能够去除或减弱地形误差、基线误差和大气效应;但是这些方法仍然是依靠相位信息进行解算的,无法避免矿区因下沉剧烈、形变梯度大造成解缠失败的问题。

　　基于 SAR 影像的像元跟踪技术(Pixel-tracking)主要是利用两幅 SAR 影像的强度信息,通过匹配窗口逐个像元的相似性遍历计算,找出最佳匹配位置,从而确定像元的形变信息。基于 SAR 影像的像元跟踪技术最早用于冰川的漂移监测和地震形变,随着 SAR 影像分辨率的提高,该方法开始用来监测矿区大梯度形变,并取得较好的效果。Pixel-tracking 方法原理简单,抗噪声能力强,不受矿区形变梯度的制约,但受像元尺寸的影响较大,其理论监测精度可以达到 1/20～1/30 个像元。

　　本书得到国家重点研发计划(2016YFC0501107)和国家自然科学基金联合基金重点项目(U1361214)的支持,重点研究基于 SAR 影像的矿区地表形变提取。针对 Pixel-tracking 方法在矿区形变监测的应用特点进行系统分析,提出了一种自适应窗口的 Pixel-tracking 方法;针对地形起伏对 Pixel-tracking 方法监测精度的影响,提出一种削弱地形影响的改进 Pixel-tracking 方法监测矿区大梯度形变;在提升 Pixel-tracking 方法监测精度的基础上,采用多平台 SAR 影像获取了矿区时间序列的视线向、方位向形变特征,依据三维解算原理获取了矿区三维形变;针对 Pixel-tracking 方法获取矿区大梯度形变与基于相位解算的时间序列方法进行有效融合,获取到矿区开采工作面完整的视线方向形变。

　　基于 SAR 影像的矿区形变提取研究,能够克服依靠相位解算受形变梯度的限制,获取完整的下沉盆地;同时获取矿区开采工作面的时间序列下沉盆地特征和三维形变。为矿区因煤炭资源开采引发的环境地质灾害的预防和治理提供参考依据,为深入理解矿区煤炭开采引起的地表形变的机理和时空变化规律提供数据支撑,该研究工作具有一定的理论指导意义和现实意义。

1.2　国内外研究现状

1.2.1　InSAR 监测矿区形变研究现状

作为一种空间对地观测手段,SAR 技术早期主要用于地形测绘。1989 年,美国喷气推进实验室的 Garbriel 等人首次利用差分干涉图获取到美国 California Imperial 峡谷的黏土吸水性导致的地表形变特性[10],从此,差分干涉合成孔径雷达技术作为一种新的地表形变监测手段,在实用化上不断提高,应用领域也不断扩展,并取得了丰硕的研究成果。煤炭资源开采引起的地表形变,作为一种人为导致的地质环境灾害,一直都受到人们的关注。InSAR 技术作为一种新型的空间对地形变观测手段,也积极投入到因煤炭资源开采引起的地表形变监测中,并取得一系列的成果。总体来讲,这种依靠相位解缠的差分干涉技术监测矿区地表形变可分为三类:(1) 传统的差分干涉技术监测矿区形变;(2) 先进的时间序列技术监测矿区形变;(3) 差分干涉技术与其他观测手段及开采沉陷理论融合监测矿区形变。下面以时间顺序分析一下国内外 InSAR 技术监测矿区形变的现状。

国外学者较早采用 D-InSAR 技术对资源开采引起的地表形变进行研究,并取得了许多令人振奋的成果。1996 年 Carnec 等人首次利用 D-InSAR 技术对法国 Gardanne 附近煤矿开采引起的地表形变进行监测,通过与实测数据进行对比,证明 D-InSAR 技术监测矿区形变的可行性[11]。此后,利用 InSAR 技术监测矿区地表形变的研究迅速展开。1997 年 Wright 等人利用 ERS-1/2 卫星数据采用相位滤波方法来提高相位解算精度对英国的 Selby 煤田开采引起的地表形变进行监测[12],最终获得了一个监测周期内地表最大的沉降值为 110 mm。1998 年 Perski 等人基于 ERS-1/2 卫星数据采用 D-InSAR 技术对波兰 Silesian 煤矿区的地表形变情况进行监测,并利用监测结果指导当地矿区的防灾减灾工作[13]。2000 年 Wegmuller 等利用 D-InSAR 技术基于 ERS-1/2 卫星影像对德国某矿区进行了地表沉陷监测,结果表明,基于相位解缠的 InSAR 技术无法正确获取到下沉盆地中心的最大下沉值,而针对下沉盆地边缘部分监测效果较佳[14]。同年,Carnec 等人利用 1992~1995 年间的 ERS-1/2 数据对 Gardanne 附近的煤矿地表形变的研究表明,D-InSAR 技术不仅可以用于监测煤矿区地表形变,对附近工业区的地表形变监测同样有效[15]。

2001 年 Spreckels 等人发现采用 C 波段雷达影像监测位于下沉盆地中心的大量级形变时无法获取到正确的最大下沉值,建议采用波长较长的波段(如 L 波段)来进行监测[16]。同年,Ge 等人根据在澳大利亚监测煤矿的实验,提出将 GPS 和 InSAR 技术结合起来的方法监测地表沉陷,该方法可以得到二者互补的信息[17]。2003 年 Raucoules 等人利用 D-InSAR 技术采用自适应滤波的方法来提高相干性对法国 Vauvert 附近煤矿区的地表形变进行监测,结果表明自适应滤波的方法能够提高 D-InSAR 技术的监测精度,同时也证明了采用该方法可以监测长时间基线的地表沉降[18]。同年,Strozzi 等人利用 JERS-1 数据监测了德国 Ruhrgebiet 地区的地表形变,再次证明了针对植被茂密区进行监测时,L 波段数据明显优于 C 波段数据[19]。2004 年 Jarosz 等人利用 ERS-1/2 影像数据对露天矿边坡稳定性进行监测实验,证明在空气干燥、无云、少雨的气象条件下雷达回波信号受大气效应的影响较小,适宜进行雷达干涉测量[20]。同年,Chang 等人分别采用 ERS 影像和 JERS-1 影像对澳大利亚新南威尔士矿区的地表形变的监测结果进行了对比,分析了 D-InSAR 技术用于矿区形变监测的不足,结合实测值进行了验证。Kircher 等人利用 IPTA (Interferometric Point Target Analysis)方法监测了德国鲁尔矿区的地表沉陷。将 1992~2000 年间监测的沉陷速率与水准观测进行比较,发现 IPTA 监测结果和水准测量结果高度吻合误差在 10 mm 之内[21]。2005 年,Author 等人利用 1995~2000 年间的 57 景降轨 ERS-1/2 影像对法国某煤矿沉陷区进行时序监测,采用 PS-InSAR 技术识别出了矿区 300 m×300 m 的一个塌陷区,并基于干涉测量生成了当地的 DEM 产品,其高程标准差为 12~15 m[22]。同年,Chul 等人采用 PS-InSAR 技术利用 1992~1998 年间的 25 景 JERS-1 卫星影像对韩国某废弃采空区进行了地表沉陷监测,通过获取的沉降均值速率与地表实测值进行对比验证,证明 PS-InSAR 技术监测结果真实可信。该研究还表明在地表植被覆盖少、地表形变量级小的老采空区,采用较长波段的 SAR 数据可以得到非常满意的监测结果[23]。2007 年 Jung 等人利用 1992~1998 年间的 JERS-1 影像数据,采用 PS-InSAR 技术对韩国 Gaoeim 煤矿区地表形变进行监测,获得了研究区域内的地表平均沉降速率为 0.5 cm/a,该结果与水准监测结果一致。该研究表明 PS-InSAR 技术可以用来对废弃老采空区地表残余形变进行有效监测[24]。

2008 年 Jin 等人利用 SBAS-InSAR 技术和 GIS 技术对韩国 Gangwon-do 地区的煤矿开采引起的地表形变进行联合监测与分析,利用覆盖研究区的 1992 ~1998 年间的 23 景 JERS-1 影像数据获得了平均地表沉降速率,结果表明该区域已经出现了明显的地表沉陷情况,且利用 SBAS-InSAR 技术监测矿区地表沉陷是可行的[25]。2009 年 Ng 等人根据已有的不同波段的 SAR 影像数据评估了采用 InSAR 技术监测煤矿开采引起的地表形变的能力,实验分别以覆盖同一研究区域的 ERS-1/2、ENVISAT、JERS-1、ALOS、TerraSAR 和 COSMO-SkyMed 影像数据为例,通过对不同影像监测结果进行对比,并利用实测数据进行验证,表明采用 L 波段 ALOS-PALSAR 影像监测煤矿区地表形变,其结果明显优于其他波段影像数据,即使在植被覆盖较多的区域,ALOS-PALSAR 影像也能取得较好的监测效果[26]。

2011 年,Ng 等人利用多平台多尺度的多源 SAR 影像融合的方法,监测了新南威尔士州南部高原煤矿区的三维地表形变,验证了该方法的可行性,并对未来的发展应用进行了展望[27]。2012 年,Bhattacharya 等人,首次采用 D-InSAR 的方法初步监测了印度 Jharia 煤田因地下采煤导致的地表形变,并生成了该区域精确的 DEM 产品[28]。2013 年,Cuenca 等人采用 PS-InSAR 技术方法监测荷兰 Limburg 地区关闭矿井的沉降。综合分析了沉降是由于关闭矿井地下水位升降造成的,并且研究了地表形变与浅表层地下水位的关系[29]。Samsonov 等人利用 167 景 SAR 影像,生成 500 多幅干涉图,采用各种时序 InSAR 方法进行融合,监测了位于德国和法国边界因煤炭开采引起的地表沉降[30]。2014 年,Liu 等人利用 TerraSAR-X 和 ALOS-PALSAR 影像采用 SBAS-DInSAR 和 Tomo-SAR 技术监测了山西太原市附近的煤矿开采引起的地表沉降。针对大形变,首次采用 TomoSAR 方法进行四维层析监测[31]。2015 年,Graniczny 等人在波兰南部西里西亚矿区基于 DORIS 项目的 X,C,L 三种波段的 SAR 影像,采用 PS-InSAR 和 D-InSAR 两种方法相结合手段监测了老采空区的残余沉降,证明在矿井关闭后的几年,依然有沉降存在[32]。2015 年,Przylucka 等人采用 TerraSAR-X 影像利用传统 D-InSAR 方法和 SqueeSAR 方法监测了波兰贝托姆市西里西亚矿区地表下沉情况[33]。SqueeSAR 方法能够识别很密的分布点,能够有效区分快速下沉区和稳定区,但不能正确提取快速大形变。

国内采用 D-InSAR 技术对矿区资源开采引起地表形变的监测研究起步较晚,但仍然取得了一些有重要意义的研究成果。国内学者对 InSAR 技术监测矿区地表形变的研究工作主要集中在如何提升基于 D-InSAR 技术的矿区地表形变监测精度,D-InSAR 技术与 GPS、三维激光扫描等不同种类监测数据如何进行融合,D-InSAR 技术与开采沉陷理论相结合获取实时地表下沉等领域。2003 年姜岩等人介绍了 InSAR 技术的发展概况以及德国基于 InSAR 技术在矿山开采沉陷监测方面取得的应用成果,指出该技术的出现为矿区地面沉陷问题提供了一种新的思路和方法[34]。此后,我国逐渐开始了基于 D-InSAR 技术的矿区地表沉陷监测的研究工作。

吴立新等人于 2004 年分析了 D-InSAR 技术应用于矿区资源开采引发的地表沉陷监测的局限性[35]。紧接着,于 2005 年分别利用两轨法和三轨法得到了时间基线超过半年的地下采矿引起的雷达视线向(LOS)形变,根据雷达入射角将视线向形变转换成地表下沉分量,首次分析了试验区地表沉陷的扩展及演变过程。并在此基础上,对 D-InSAR 技术监测矿区形变存在的时间去相干、空间去相干等误差因素进行了分析和讨论[36]。2006 年,丁建全基于 D-InSAR 技术对地下开挖空间进行了研究,解算出了矿区地表下沉值,作出地表下沉等值线,针对典型区域作出了地表下沉变形剖面曲线图,根据矿区岩层与地表移动规律和地下开采地表下沉预计模型,分析了地下开采空间[37]。同年,李晶晶等人分析了国内外 D-InSAR 技术在矿区地表沉陷监测中取得的成果和存在的问题,认为 D-InSAR 技术可以为矿区地表沉降的动态监测提供技术支持[38]。

2007 年独知行等人分析了传统测量方法在矿山开采沉陷形变监测中的不足,提出了利用 GPS 与 InSAR 数据融合技术来监测矿山地面沉降[39]。同年,董玉森等人利用 1992～1998 年间的 6 景 JERS-1 影像进行地面沉降监测,发现了研究区域内 4 个煤矿开采导致的沉降区域,并基于时间序列分析了沉降的发展趋势[40]。2008 年张继超等人在比较了当前矿区地表形变监测主要方法后,指出可以利用 PS-InSAR 监测矿区地表形变的思路[41]。同年张景发等人利用 In-SAR 技术监测了河北武安矿区的地表沉陷情况,并依据实测数据做了比较分析[42]。2008 年,杨成生利用 D-InSAR 技术监测了发生在神木地区的三次矿震引起的沉陷,证明 D-InSAR 技术可以用于矿震的沉陷监测[43]。Liu 等人探讨了基于 GPS 和 InSAR 结合的矿区沉降监测的研究现状,指出二者数据的有效结合能够在时间域和空间域提高矿区地面沉降监测的能力[44]。Ge 等人利用时间序列小基线的方法来监测开滦矿区地下煤炭资源开采引起的地表沉陷,通过与概率积分法预计结果进行比较,证明时序小基线集方法监测开滦矿区地表形变能够取得了比较理想的结果[45]。2010 年陶秋香对 PS-InSAR 技术在矿区地面沉降监测中的问题进行了全面系统的分析和研究,提出了一种优化的公共主影像选取方法[46]。同年,何建国从长时序的角度研究了河北峰峰矿区的地表沉陷情况,指出星载雷达差分干涉测量和 GPS 测量、水准测量三种不同的技术方法,在监测矿区地面沉降的位置、范围和精度方面是基本一致的,并且三者能够起到相互验证的作用,得出在相干性差的区域 L 波段监测结果优于 C 波段的结论[47]。

邓喀中等人基于 ERS-1/2 影像采用 D-InSAR 技术对沛城矿二二采区进行试验研究,建立了实测和 D-InSAR 监测下沉值之间的差值与距离的关系式,根据该关系式对 D-InSAR 监测结果进行修正,获得了与实测数据相近的地表下沉,证明 D-InSAR 技术用于矿区开采沉陷监测是可行的[48]。2010 年阎跃观研究了 D-InSAR 数据与超前影响角的关系,建立了计算修正模型并进行了数值模拟研究[49]。同年,范洪冬以控制点修正和多视处理两种方式,针对开采沉陷问题研究了相应的分析方法,分析了 D-InSAR 技术监测矿区形变得到的开采沉陷下沉值小于实测值的问题[50]。2011 年盛耀彬探讨了 D-InSAR 监测结果用于分析煤矿地表三维形变的方法及可行性,结果表明,在一定的条件下,用 D-InSAR 监测结果分析开采沉陷的动态规律和机理是可行的[51]。同年,朱建军等人讨论了现有 InSAR 技术监测矿区地表形变存在的问题,指出高级时序 InSAR 技术和高分辨率 SAR 影像的结合将是矿区地表形变监测的发展趋势[52]。闫大鹏以 D-InSAR 监测云驾岭煤矿为例,引入了概率积分法模型,开展了反演概率积分法模型参数的试验研究[53]。邢学敏采用 CR-InSAR 与 PS-InSAR 技术进行联合解算获得了河南白沙水库周围矿区地表形变的时序监测结果[54]。

2011 年,Zhao 等人将 SBAS-InSAR 的方法和 MODIS 水汽产品相结合,减弱了水汽对 SBAS-InSAR 方法的影响,探测了大同地区煤炭开采引起的形变[55]。2015 年,Zhang 等人在淮南矿区利用 20 景升轨的 Radarsat-2 影像,采用改进的时间序列 InSAR 方法对采煤引起的沉陷进行监测,该方法对分布式散射体进行识别和解算,获得了较好的监测结果[56]。陈炳乾采用 InSAR 技术与三维激光扫描技术进行融合获得完整的地表下沉形变场,并利用 InSAR 监测结果与 SVR 算法进行融合获得了监测预计一体化模型[57]。刘万利采用一种基于滤波的相位解缠方法在开采工作面高噪声区域进行相位解缠,与最小费用流法相比较,该方法获得较理想的结果[58]。Dong 等人采用 Stacking-InSAR 和 SBAS-InSAR 两种方法对淮南矿区 2007~2010 四年间的地表沉陷时空变化情况进行监测和分析,并把监测结果与水准和 GPS 的结果进行比较分析[59]。2017 年,杨泽发等人采用 InSAR 技术的观测值来精炼 Logistic 模型参数,并用该模型反演矿区动态地表下沉,解决了目前时序 InSAR 方法监测矿区动态下沉误差较大的问题[60]。

总体而言,无论是传统的 D-InSAR 方法还是时间序列方法(如 PS-InSAR、SBAS-InSAR、ITPA-InSAR、TCP-InSAR 及 StaMPS 等方法)均以相位解缠为核心,这些方法都能以厘米甚至毫米级的精度监测未超过相位解缠形变梯度阈值的矿区地表形变及老采空区残余形变,即只能有效获取下沉盆地边缘小量级的形变,难以获得工作面上方大量级大梯度的地表形变。

1.2.2 Pixel-tracking 监测形变研究现状

基于 SAR 影像的 Pixel-tracking 方法,具有不受云雾遮挡、抗噪声能力强、不受形变梯度制约的特点,早期主要是用来监测大范围大梯度的地表形变。在冰川漂移、地震形变场监测方面得到广泛的应用并取得较好的效果。随着星载合成孔径雷达成像技术的快速发展,SAR 影像的像元分辨率及像元尺寸有了很大的提高,基于高分辨率 SAR 影像该方法开始用来监测滑坡、矿区大梯度地表沉降等。

1998 年,Gray 等采用 RADARSAT 影像,利用图像配准的方法监测形变,这种方法是 Pixel-tracking 方法的前身[61]。1999 年,Michel 等人采用像元跟踪的方法监测了兰德斯地震,并对距离向和方位向监测的精度分别进行了评定分析[62]。2002 年,Strozzi 等人采用 SAR Offset-Tracking 方法监测了斯瓦尔巴群岛北部的摩洛哥冰川从 1992 至 1996 年的变化,并提出在低相干地区 Offset-Tracking 方法可作为差分干涉方法的替代来监测冰川运动[63]。2005 年,Pritchard 等人采用像元跟踪的方法监测了 1992 年 11 月至 1993 年 1 月东格陵兰岛 Sortebræ 冰川的动态形变过程[64]。2007 年,Elliott 等人采用偏移量跟踪的方法,监测了 2002 年美国 Denali 断层地震活动,该方法的结果与 GPS 结果有很好的吻合[65]。Strozzi 等人采用间隔 44 天的 L 波段的 JERS-1 影像,采用像素偏移量跟踪技术监测了北极斯瓦尔巴群岛、新地岛及法兰士约瑟夫地的冰川运动,在 44 天内,得到的最大偏移量为 6 m[66]。Luckman 等人采用 ERS 影像,比较了干涉 InSAR 技术和像元跟踪技术在监测冰川表面运动速率方面的能力,通过对喜马拉雅山脉的冰川运动进行监测,认为像元跟踪方法与 InSAR 技术可有效互补[67]。2011 年,Liu 等人基于 Pixel-tracking 方法,提出一种多尺度图像匹配策略,用来解决冰川运动的快速形变的精确提取问题,并取得了较好的效果[68]。Erten 等人提出一种考虑斑点噪声模型的像元跟踪方法监测冰川运动,采用 ENVISAT-ASAR 影像监测了 2004 年 Inyltshik 冰川的运动,证明该方法能稳定有效地探测出冰川运动速率[69]。2011 年,Kumar 等人采用 X 波段 TerraSAR 聚束模式影像利用 SAR intensity tracking 的方法监测了喜马拉雅山脉西北部冰川的表面运动,证明该方法在监测冰川移动速率方面是一种很有效的方法[70]。Casu 等人提出一种时间序列的像元跟踪方法监测大量级形变,采用 25 景 ENVISAT-ASAR 影像监测加拉帕戈斯群岛的冰川运动,通过 GPS 数据进行对比验证,证明时序像元跟踪方法的精度在 1/30 个像元[71]。2012 年,Debella-Gilo 等人提出一种基于局部自适应窗口的像元跟踪方法,通过实验验证,该方法能够减少 90% 的形变误匹配,并且该方法能实现自动化[72]。2014 年,Singleton 等人分析了 Pixel-tracking 参数及不同成像模式的 TerraSAR-X 影像对提取形变精度的影响,采用三峡库区的滑坡体结合角反射器进行验证,取得了较好的结果[73]。

国内对 Pixel-tracking 技术的研究和应用相对较晚,也主要集中在冰川运动、地震和滑坡形变监测方面。最近几年,开始探索在煤炭开采引起的形变上进行应用。2011 年,Huang 等人比较了光学影像和 SAR 影像像素跟踪算法在提取冰川运动速率的优劣,并把平均形变梯度引入到算法中用来改进计算窗口的大小[74]。2012 年,Jiang 等人采用 ALOS-PALSAR 影像利用像元跟踪的方法监测了喀喇昆仑山脉 Yengisogat 冰川的表面速率,探讨了该方法的监测精度,其结果与光学影像的检测结果有极强的吻合度[75]。刘云华等人利用 ALOS-PALSAR 影像,采用像元跟踪的方法获得整个汶川地震地表二维形变场,最大形变区域偏移量可达 6～8 m,客观揭示了断层破裂迹线的真实形态和分段特征,进而对汶川地震的复杂破裂过程有更深入的了解[76]。2013 年,Yan 等人提出一种基于 DEM 改正的像元跟踪方法,采用 ALOS-PALSAR 影像监测高山冰川形变,通过 DEM 改正,能使该方法的精度提高 0.98 m[77]。2013 年,Zhao 等人提出基于偏移量跟踪的时序形变监测方法用来监测补连塔煤矿和上湾煤矿因煤炭开采引起的大量级地表形变,首次证明像元跟踪方法可以成功在煤矿开采引起的地表形变中应用[78]。Jia 等人采用像元偏移量跟踪技术估计了天山南伊内里切克冰川运动的表面流速,揭示了南伊内里切克冰川的运动规律[79]。2014 年,Hu 等人提出基于点目标的像元跟踪方法克服了失相关区域误估计及多余计算的问题,该方法通过监测 M 7.2 El Mayor-Cucapah 地震,证明了该方法的有效性及稳定性[80]。Zhou 等人采用 InSAR 和 Pixel-tracking 相结合的方法监测了慕士塔格冰川的表面运动,揭示了该冰川运动的空间分布特征[81]。2015 年,Wang 等人提出一种改进的像元跟踪方法提取三维地震形变,并用来监测 2011 年的土耳其地震,获得三维同震形变图[82]。陈强等人以 Bam 和玉树地震为例,采用像元跟踪技术监测和分析了两次地震的形变,并重点分析了移动窗口大小、采样因子等因素对像元跟踪方法探测精度的影响[83]。邓方慧等人利用 35 天时间基线的 ENVISAT ASAR,采用偏移量跟踪方法对东南极 Amery 冰架冰流汇合区的冰流速进行了测定,并对流速结果进行了精度评定和对比分析,验证了该方法的可靠性[84]。Shi 等人提出一种基于稳定点目标的偏移量跟踪方法用来监测滑坡形变,并分析了不同成像模式下,TerraSAR-X 影像的监测结果[85]。2016 年,Yan 等人采用 DEM 辅助改正地形起伏的偏移量跟踪方法精确探测了帕米尔高原地区的冰川移动速率[86]。牛玉芬提出了基于 CR 点识别的像素偏移量跟踪技术,使基于 SAR 影像强度信息的 Pixel-tracking 技术直接获取的观测量更准确,为后续与矿山开采沉陷理论的结合提供更准确、全面的观测信息[87]。Fan 等人采用偏移量跟踪与相位堆叠相结合的技术,监测了大柳塔矿区煤炭开采导致的大量级形变,取得了较好的监测效果[88]。Huang 等人基于时序 SAR 影像稳定点选取思想,利用基于最小二乘的多项式拟合方法去除地形起伏,提出了一种改进的像元跟踪技术监测矿区大梯度形变[89]。

1.2.3 三维形变监测研究现状

随着 InSAR 技术的快速发展,空间对地形变观测也不再局限于一维视线方向(LOS),开始向真三维地表形变场监测方向发展。基于 SAR 技术空间对地观测三维形变场获取的技术大致由以下三类组成:(1) 基于多平台 SAR 数据(三个以上)干涉测量结果的三维解算方法;(2) 基于 Pixel-tracking 或 MAI 方法获取沿轨道方向形变,结合干涉测量结果解算形变场;(3) 基于干涉测量结果与已知先验模型或其他观测数据联合解算三维形变场。基于 SAR 影像的三维地表形变场的解算,主要用于监测地震、冰川漂移、滑坡等大范围大量级的地表形变,在矿区煤炭资源开采引起的地表三维形变的监测方面,应用相对较少。

1999 年,Michel 等人采用 ERS SAR 数据利用像元跟踪的方法以距离向0.8 m、方位向 0.4 m 的精度获取了 Landers 地震的二维形变场,拉开了基于 SAR 影像强度信息的 Pixel-tracking 方法监测大范围大量级形变的序幕[62]。2001 年,Fialko 等人采用 InSAR 技术和 Pixel-tracking 技术相结合获取了加利福尼亚州 Hector Mine Earthquake(Mw7.1)的三维形变场[90];同年,Tobita 等人采用 Pixel-tracking 技术利用升轨和降轨 Radarsat 数据获取了日本有珠火山喷发的三维形变场[91]。2002 年,Gudmundsson 等人采用干涉测量与 GPS 测量相结合的方法获取了冰岛西南部 Reykjanes Peninsula 区域的三维形变场[92]。2004 年,Wright 等人利用多平台差分干涉结果解算了 Nenana Mountain 地震的三维形变场,指出了三维分解对南北方向形变解算误差较大[93]。2006 年,Bechor 等人提出一种多孔径干涉测量的方法来获取沿轨道飞行方向的形变,该方法的提出为三维形变的获取提供了另外一种方法[94]。2009 年,Jung 等人提出一种改进的多孔径干涉测量(MAI)方法,用于去除地形误差增强相干性,采用该方法的能够明显增强沿轨方向形变的监测精度[95]。随着 SAR 影像像元分辨率的提高和 SAR 卫星成像带宽的增加,Pixel-tracking 方法和 MAI 方法开始广泛应用到三维形变监测领域,并取得较好的成果。2014 年,Hu 等人系统地总结了基于 SAR 影像获取三维形变的发展过程,针对现有的技术进行了详细的分析,并提出了未来的研究方向[96]。2015 年,Wang 等人提出一种改进的 Pixel-tracking 方法用来监测地震同震形变场,并将该方法应用到 Van(Turkey)地震的监测上,取得了理想的结果[82]。

针对煤炭资源开采引起的矿区地表三维形变的监测,在最近几年得到了较快的发展。2014 年,Zhu 等人利用升降轨的 ASAR 影像与 ALOS-PALSAR 影像进行联合解算,获取了矿区受煤层采动影响的三维形变场,并分析了三维形变对地表建筑物的影响[97]。同年,Li 等人根据开采沉陷原理利用两幅 ALOS-

PALSAR 影像对钱孜营煤矿进行监测,获得了开采工作面的三维形变差分干涉图,为矿区三维形变的获取提供了新的思路[98]。2015 年,Fan 等人采用差分干涉与 Pixel-tracking 方法及概率积分法预计模型相结合的手段获取了大柳塔矿区的三维形变场[88]。2016 年,Diao 等人采用 D-InSAR 与概率积分法预计模型相结合的方法获取了峰峰矿区某工作面的三维地表形变[99-100]。总体而言,矿区三维形变监测的方法主要体现在以下两个方面:(1) 多平台 SAR 影像干涉测量联合解算;(2) D-InSAR 与概率积分法结合获取三维形变。

1.3 SAR 影像监测矿区形变面临的主要问题

干涉合成孔径雷达技术作为一种快速发展的空间对地观测技术,广泛应用于地表形变监测领域。矿区因资源开采引发的地表沉陷作为一种地质灾害,受到人们的广泛关注,一直以来都是 SAR 技术地表形变监测的重要方向。虽然 InSAR 技术监测矿区形变取得了丰硕的研究成果,但该技术在矿区应用仍然面临很多问题,主要表现在以下几个方面:

(1) 矿区资源开采引发的地表形变具有影响范围小、下沉量级较大、非线性形变的特点,这些特点很容易造成形变梯度超过相位解缠临界阈值,造成相位解缠失败,从而无法正确恢复形变。矿区形变的非线性特征,使得以下沉速率为解算结果的时间序列差分干涉测量技术在矿区应用受限。因此,这种依靠相位信息进行解算的方法仅能有效获取到矿区受开采工作面影响的小量级形变,很难有效提取到大量级、大梯度的形变。

(2) 针对矿区大量级、大梯度的形变,基于 SAR 影像强度的 Pixel-tracking 技术是一种有效的方法。但该方法的监测精度受像元尺寸、互相关窗口的影响较大,针对矿区小范围、大量级、大梯度的特点,采用固定的互相关窗口很难有效获取整个下沉盆地的形变。

(3) 通常我们通过差分干涉技术获取到的形变仅仅是地表形变在卫星的视线方向的投影,只能从一个维度来表达地表形变,但矿区地表形变是一个空间三维形变,因此获取矿区地表三维形变对理解开采沉陷的机理及地表形变的时空变化过程具有重要意义。但基于多平台干涉测量结果进行联合解算的方法很难满足数据获取的同时性要求,同时,相位解缠的方法不能有效获取大梯度形变。

1.4 主要研究内容

针对 SAR 影像监测矿区地表形变存在的普遍问题,本书主要从以下几个方面进行研究：

（1）采用 Pixel-tracking 方法监测矿区形变，其精度受像元尺寸和互相关窗口影响严重。本书首先采用模拟数据研究不同像元尺寸、不同互相关窗口提取不同量级形变的精度问题，找出互相关窗口对形变提取精度的影响，结合矿区煤炭开采引起的地表下沉的实际，提出一种自适应互相关窗口的 Pixel-tracking 方法监测矿区大量级、大梯度地表形变。

（2）在充分分析影响 Pixel-tracking 方法监测矿区形变的基础上，提出一种基于稳定点最小二乘拟合的地形改正方法，用于地形起伏较大区域地形改正，提高 Pixel-tracking 方法在地形起伏较大区域地表形变监测的精度。

（3）借鉴传统依靠相位解缠的时间序列 SBAS-DInSAR 的思想，提出一种基于 SAR 影像强度的时间序列 SBAS-Pixel-tracking 方法监测矿区大梯度时序形变，借助于两个平台的时序 Pixel-tracking 结果进行联合解算，获取矿区大量级、大梯度形变场的三维形变。

（4）采用依靠相位解缠的时间序列 InSAR 方法获取矿区受开采工作面影响的小量级形变，利用 Pixel-tracking 方法获得下沉盆地中心大量级形变，在重叠区域使二者形变结果有效融合，获取完整的地表形变场。

1.5 章节安排

第 1 章，绪论。介绍了该研究工作的背景和意义，在分析国内外 SAR 技术监测地表形变研究现状的基础上，结合矿区地表形变特点分析了目前基于 SAR 影像监测矿区形变存在的问题和不足。最后介绍了本书的重点研究内容和组织结构。

第 2 章，SAR 影像监测矿区形变方法及适用性分析。介绍了基于相位解缠获取形变的 D-InSAR 方法，基于时间序列影像进行解算的 Stacking 方法、PS-InSAR 方法、SBAS-InSAR 方法和 TCP-InSAR 方法，对利用 SAR 影像强度信息的 Pixel-tracking 技术进行介绍，结合矿区形变的特征，对各种方法在矿区监测的适用性进行分析。

第 3 章，Pixel-tracking 监测矿区大梯度形变局部自适应窗口研究。采用模拟不同形变量级、不同像元尺寸的 SAR 影像对 Pixel-tracking 方法监测地表形变精度的影响因素进行分析，对过大的互相关计算窗口造成"形变压缩"的现象进行解释；根据矿区地表形变的特点对 SNR 进行重新定义，根据矿区开采引起的最大下沉量对互相关系数峰值匹配区域进行约束，很大程度上避免了误匹配的出现，基于 SNR 最大化，采用自适应窗口的方法寻找最优互相关窗口。

第 4 章,顾及地形因素的 Pixel-tracking 方法监测矿区大梯度形变研究。分析了地形因素对 Pixel-tracking 方法监测形变的影响,利用时间序列 SAR 影像强度和标准差双阈值约束,筛选出稳定点;基于稳定点的形变信息,采用基于最小二乘拟合的多项式拟合方法减弱轨道、基线误差等因素对 Pixel-tracking 方法的影响;引入外部 DEM 数据,基于稳定点的 DEM 信息,采用二次多项式拟合对地形因素的影像进行削弱,提高 Pixel-tracking 方法的监测精度。

第 5 章,多平台时序 SAR 联合监测矿区大梯度三维形变研究。采用各观测时段的下沉量代替平均形变速率的小基线集 Pixel-tracking 方法对大柳塔矿区 52304 工作面大梯度形变进行时序监测,获取各观测时段的地表下沉信息;利用两个平台的时序 SAR 影像进行小基线集 Pixel-tracking 监测获取研究区距离向和方位向形变场,依据改进的多平台三维形变分解模型,提取矿区地表移动三维形变场。

第 6 章,时序 InSAR 技术与 Pixel-tracking 方法融合监测矿区形变研究。利用基于相位信息进行解算的时序 InSAR 技术对大柳塔矿区 52304 工作面下沉盆地边缘小量级形变进行监测,获得高精度小量级形变监测结果;采用小基线集 Pixel-tracking 技术对研究区内大梯度、大量级地表形变进行监测,基于地表移动观测站 GPS 数据对时序 InSAR 和时序 Pixel-tracking 方法的监测精度进行评价;基于先验方程定权的方法对时序 InSAR 技术和时序 Pixel-tracking 技术的监测结果进行有效融合,获取完整的地表形变场,并依据融合结果对开采沉陷部分参数进行计算。

第 7 章,MAI 技术监测矿区方位向水平移动研究。详细介绍了 MAI 技术的原理和数据处理流程;从理论上对该方法的监测精度进行分析,结合矿区形变的实际特征分析了该方法在矿区应用的局限性;针对大柳塔矿区 52304 工作面,分别采用 MAI 技术和 Pixel-tracking 技术获取地表方位向形变信息,得到了一致的监测结果。

第 8 章,结论和展望。对本书所做的工作进行简要总结,给出了本书的创新点,指出书中存在的不足之处,并对未来进一步的研究工作进行展望。

2   SAR 影像监测矿区形变方法及适应性分析

基于 SAR 影像监测矿区地表形变通常有两类方法：一类是基于相位解缠技术的差分干涉及在差分干涉技术基础之上发展的时间序列方法；另一类是基于 SAR 影像强度信息依靠互相关系数最大化的 Pixel-tracking 方法。本章对两类方法的原理进行介绍，并针对不同方法在矿区形变监测的适应性进行分析。

2.1   差分 InSAR 技术

2.1.1   D-InSAR 几何原理

星载 SAR 传感器对地面同一目标进行两次或者多次观测成像期间，地物的几何位置相对于传感器发生了改变，即发生了形变。通过利用卫星两次或者多次观测获取的 SAR 影像进行干涉测量获取地表形变的技术，我们称之为差分干涉测量技术，即 D-InSAR 技术[10, 101]。其基本原理图如图 2-1 所示。

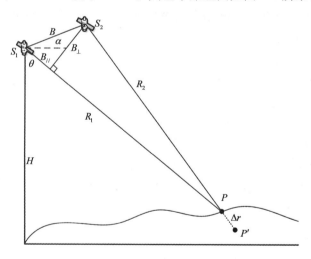

图 2-1   D-InSAR 基本原理图

假设地面目标点 P 在两次卫星成像过程中发生了形变，从点 P 移动到 P'，Δr 代表形变量，则 $\Delta r = R_1 - R_2$。R_1，R_2 表示卫星两次对目标点成像过程中与目标点的距离；S_1，S_2 表示卫星对目标点两次成像时的位置，第一次成像称为主影像，第二次为副影像，其空间距离称为空间基线，用 B 来表示。卫星发射雷达波视线方向与竖直方向的夹角称为入射角 θ，随地物、位置而变化；α 为基线与水平面的夹角。卫星的位置是已知的，所以，S_1 到参考椭球面的垂直高度也是已知的，用 H 表示。通常，空间基线 B 在垂直和平行于主影像视线方向可以分解为平行基线 $B_{//}$ 和垂直基线 $B_{\perp}$，其几何关系为：

$$B_{//} = B\sin(\theta - \alpha) \tag{2-1}$$

$$B_{\perp} = B\cos(\theta - \alpha) \tag{2-2}$$

这两个基线分量是随着入射角度的变化而改变的，由于每个像元的入射角度都不同，因此，在整个影像上这两个分量是不断变化的。差分干涉测量的本质在于 SAR 传感器两次对目标成像过程中雷达回波信号具有高度相干性，雷达波的传播路径差可用两次成像的相位差 φ 表示，即：

$$\varphi = \varphi_1 - \varphi_2 = -\frac{4\pi}{\lambda}(R_1 - R_2) \tag{2-3}$$

式中，λ 为雷达信号的波长；φ_1，φ_2 为两次成像时的相位。

此时，干涉相位差可表示为：

$$\varphi = -\frac{4\pi}{\lambda}\Delta r = \varphi_{\text{flat}} + \varphi_{\text{topo}} + \varphi_{\text{def}} + \varphi_{\text{noise}} \tag{2-4}$$

φ_{flat}，φ_{topo} 分别表示平地相位和地形相位，这两个相位成分可利用卫星两次成像时的几何参数和地表高程信息去除，其中：

$$\varphi_{\text{flat}} = -\frac{4\pi B}{\lambda}\cos(\theta - \alpha) \cdot \Delta\theta \tag{2-5}$$

$$\varphi_{\text{topo}} = -\frac{4\pi}{\lambda}\frac{B\cos(\theta - \alpha)h}{R_1\sin\theta} \tag{2-6}$$

$\Delta\theta$ 表示相邻两个像元入射角的增量，h 表示目标点的高程。在干涉相位中去除了平地和地形的影响，在不考虑噪声相位 φ_{noise} 的情况下，剩余的相位可认为是由形变引起的相位，其表达式为：

$$\varphi_{\text{def}} = \varphi - \varphi_{\text{flat}} - \varphi_{\text{topo}} = -\frac{4\pi}{\lambda}\Delta r \tag{2-7}$$

由此可以得到卫星两次成像期间地表沿卫星视线方向的形变 Δr。

2.1.2　D-InSAR 数据处理流程

在 D-InSAR 数据处理中，常用的方法有二轨法和多轨法，在有高精度数字高程模型（DEM）的情况下，通常采用二轨法获取地表形变。目前，进行 D-InSAR 数据处理的主流软件主要有瑞士 GAMMA 公司开发的基于 Linux 操作系统的 GAMMA 软件，基于 ENVI 平台的 Sarscape 软件，荷兰 Delft 大学编写的 DORIS 软件,加拿大 Atlantis 公司的 Earthview-InSAR 软件等。无论采用哪种方法,采用何种软件,制约 D-InSAR 技术的主要因素都是相位解缠环节。本书以二轨法为例,简要介绍 D-InSAR 的数据处理流程,如图 2-2 所示。

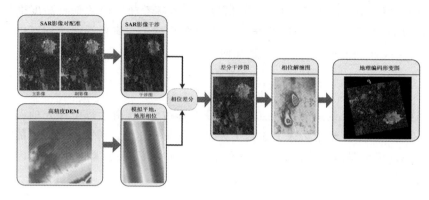

图 2-2　D-InSAR 处理流程图

常规 D-InSAR 数据处理流程可概括为:SAR 影像配准;外部 DEM 配准;平地及地形相位模拟;地形、平地相位差分处理;相位解缠;解缠相位值转换为形变;地理编码。其中,SAR 影像配准是关键,其配准精度直接影响干涉图的生成;外部高精度 DEM 是获取高精度形变结果的保障;相位解缠是制约差分干涉技术获取形变的重要因素。

2.2　时间序列 InSAR 技术

对基于相位解缠的 D-InSAR 技术的深入研究,使人们认识到传统 D-InSAR 面临的时间及空间去相干问题及大气扰动严重影响到其监测的精度。对于单幅干涉图来说,很难有效地分离大气效应与地表形变信息。随着 SAR 数据的不断积累,能够在同一地区以一定的固定周期连续获取时间序列影像时,一系列基于时间序列差分干涉相位来分离大气效应、地形残余和形变速率的方法开始出现,并得到了快速发展,如 Stacking 方法、PS-InSAR 方法、SBAS-InSAR 方法、StaMPS 方法、TCP-InSAR 方法等。虽然这些方法采用不同的策略和组合,但其核心是基于差分干涉图,因此相位相干性的好坏直接制约了最终的监测精度。图 2-3 所示为时间序列 InSAR 技术的发展过程,本书重点针对 Stacking 方法、PS-InSAR 方法、SBAS-InSAR 方法和 TCP-InSAR 方法的原理进行介绍。

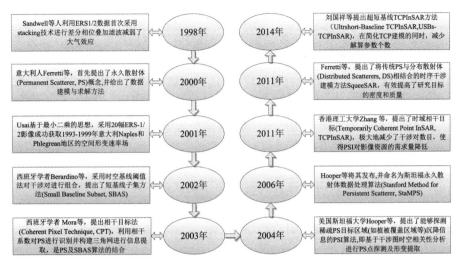

图 2-3　时间序列 InSAR 技术发展过程

2.2.1　Stacking 方法原理

Stacking 方法最早由 Sandwell 等人于 1998 年提出,主要用来削弱大气效应对形变监测带来的影响[102]。该方法采用多景差分干涉图进行相位叠加平均,利用大气效应在时间域表现出的随机性,通过时间域滤波很大程度上削弱了大气效应对形变结果的影响,但该方法并不能够完全去除大气效应。实践证明,采用的差分干涉对越多,对大气效应的抑制效果越好。在时间序列 InSAR 技术中,Stacking 方法的原理是最简单的,其公式可以表述为:

$$ph\_rate = \frac{\sum\limits_{i=1}^{N} \Delta t_i \varphi_i}{\sum\limits_{i=1}^{N} \Delta t_i^2} \tag{2-8}$$

式中,ph_rate 代表形变相位速率;Δt 代表干涉对的时间基线;φ 代表差分干涉图相位解缠后得到的形变相位;N 代表差分干涉对的数量。

自 1998 年 Sandwell 等人首次提出该方法,并成功用于 Landers 地区地震形变分析后,许多学者利用该技术在不同的应用领域进行了研究,包括:Strozzi 等人利用该技术研究墨西哥市城市地面沉降,根据采用不同时间间隔的数据集得到的监测速度范围不同,指出了采用该方法进行形变监测时,时间跨度越长,数据量越多,形变监测结果的精度越高[103];Raucoules 等人通过对法国 Vauvert 盐矿区进行了监测,结果得到该区域的最大形变速率是 $2 \sim 2.2 \ \mathrm{cm/a}$[104];Wright 等人监测了西藏地区的震间形变得到 AltynTagh 断层系统的左盘和右盘滑动速率分别为 2 cm/a 和 3 cm/a[105]。

该方法自提出以来,曾一度是解决干涉图中大气效应的唯一方法,在灾害监测中发挥了重要的作用。然而,由该方法的理论模型可知,时间域的相位叠加平均虽然可以很大程度地削弱大气效应,但这种方法只适用于缓慢的地表下沉或者认为地表下沉的过程满足线性沉降的假设。对于短时间、大量级的非线性沉降,采用该方法虽能削弱大气效应,但会造成形变结果解算的错误。

2.2.2 PS-InSAR 方法原理

PS-InSAR 的方法是由意大利米兰理工大学 Rocca 教授领导的研究小组提出的,其核心思想是利用能够在长时间和空间基线下保持高相干性的点目标(PS 点),克服时间、空间失相干现象对干涉信号的影响,利用大气效应相位和形变相位在时间序列上不同的时空特征,采用一定的方法将二者予以有效分离,获取到地表形变的参数[106-107]。

假设有覆盖同一地区的 N 幅时序 SAR 影像,以选定的公共主影像为基准或按照一定原则进行组合,将所有影像配准并采样到同一像素空间,总共形成了 M 个差分干涉对。通常进行差分干涉时采用的 DEM 都会存在误差,在两 SAR 影像干涉对成像期间地表在雷达视线方向也会有位移发生,对于任意一个差分干涉对的任意一个高相干像元 (x,y),在其差分干涉图中的相位可表示为:

$$\varphi_i(x,y;T_i) = \frac{4\pi \cdot B_i^\perp \cdot \varepsilon(x,y)}{\lambda \cdot R \cdot \sin\theta} + \frac{4\pi \cdot T_i \cdot v(x,y)}{\lambda}$$
$$+ \varphi_i^{\mathrm{res}}(x,y;T_i) \tag{2-9}$$

式中,$B_i^\perp$,T_i 分别表示第 i 幅差分干涉对的空间垂直基线和时间基线;λ,θ,R 分别表示雷达波长、入射角和传感器至目标的距离;$\varepsilon(x,y)$,$v(x,y)$,$\varphi_i^{\mathrm{res}}(x,y;T_i)$ 分别表示 DEM 误差、卫星视线方向形变速率和残余相位,通常残余相位主要由大气相位、非线性形变相位和噪声相位组成。研究表明,大气延迟效应在空间尺度上具有空间自相关性,因此从空间尺度上对邻近 PS 点的差分干涉相位的观测量再次进行差分处理,可以明显减弱大气延迟相位的影响。

受大地测量水准网的启发,对选定的稳定高相干的 PS 点进行不规则三角网构建,则在第 i 幅差分干涉图中,相邻两个 PS 点之间的差分干涉相位差可表示为:

$$\Delta\varphi_i(x_l,y_l;x_p,y_p;T_i) = \frac{4\pi \cdot \bar{B}_i^\perp \cdot \Delta\varepsilon(x_l,y_l;x_p,y_p)}{\lambda \cdot \bar{R} \cdot \sin\bar{\theta}}$$
$$+ \frac{4\pi \cdot T_i \cdot \Delta v(x_l,y_l;x_p,y_p)}{\lambda} + \Delta\varphi_i^{\mathrm{res}}(x_l,y_l;x_p,y_p;T_i) \tag{2-10}$$

式中，$\overline{B_i^{\perp}}$，$\overline{R}$，$\overline{\theta}$ 分别表示对应参数的平均值；$\Delta\varepsilon$，Δv，$\Delta\varphi_i^{\text{res}}$ 分别表示两连接点间 DEM 误差的增量、形变速率的增量和残余相位的增量。由于临近两 PS 点大气延迟相似，地表形变表现出较高空间自相关性，一般认为 $|\Delta\varphi_i^{\text{res}}| < \pi$。根据 Ferretti 等人的研究，在满足 $|\Delta\varphi_i^{\text{res}}| < \pi$ 的条件下，从干涉图的缠绕相位中估计 $\Delta\varepsilon$，Δv 就变成了一个基于目标函数最大化的优化处理问题。目标函数为：

$$\gamma = \left| \frac{\sum\limits_{i=1}^{M}(\cos\Delta\omega_i + \sqrt{-1} \cdot \sin\Delta\omega_i)}{M} \right| \tag{2-11}$$

式中，$\Delta\omega_i$ 表示观测量与拟合值之差，即：

$$\Delta\omega_i = \Delta\varphi_i - \frac{4\pi \cdot \overline{B_i^{\perp}} \cdot \Delta\varepsilon}{\lambda \cdot \overline{R} \cdot \sin\overline{\theta}} - \frac{4\pi \cdot T_i \cdot \Delta v}{\lambda} \tag{2-12}$$

PS-InSAR 方法的提出，有效地解决了干涉测量过程中面临的时间、空间去相关和大气效应问题，不但能以毫米级的精度监测地表微小形变，还能对地形残余和大气效应进行有效估算[108-109]。该方法的处理流程如图 2-4 所示。

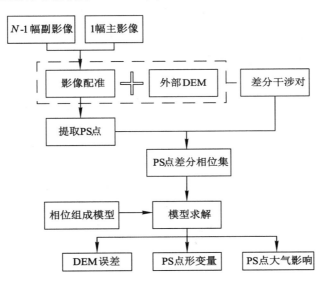

图 2-4 PS-InSAR 数据处理流程图

2.2.3 SBAS-InSAR 方法原理

SBAS-InSAR 技术是由 Berardino 等人提出的一种与 PS-InSAR 不同策略的时间序列 InSAR 分析方法。该方法通过将获取的 SAR 影像按照一定的策略进行组合，形成若干差分干涉对，这些差分干涉对能够较好地克服空间失相干现象[110-111]。在求解形变速率时,该方法采用奇异值分解(SVD)方法解决了方程解算秩亏问题,得到了形变速率值的最小范数解。虽然时间和空间基线阈值组合的策略限制了时间和空间因素失相关,但 SBAS-InSAR 方法还是对地形残余相位进行估算,同时采用时空滤波对大气效应进行估算,从而提高该方法的监测精度。由于 SBAS-InSAR 技术的量测点要远远多于 PS 点,因此,SBAS-InSAR 技术对大气效应的估算更为可靠。

假设按照一定的时间基线和空间基线阈值约束,共生成了 M 幅差分干涉对,对于副影像 t_A 和主影像 $t_B(t_B > t_A)$ 时刻获取的 SAR 影像生成的第 i 幅差分干涉图,其差分干涉相位可表示为:

$$\delta(\varphi_i) = \varphi_B - \varphi_A = \frac{4\pi}{\lambda}(d_B - d_A) + \Delta\varphi_{topo}^i + \Delta\varphi_{APS}^i + \Delta\varphi_{noise}^i \quad (2\text{-}13)$$

式中,$i \in (1, \cdots, M)$;λ 为波长;d_B,d_A 分别为 t_B,t_A 时刻雷达视线方向的累积形变量;$\Delta\varphi_{topo}^i$ 表示地形残余相位;$\Delta\varphi_{APS}^i$ 表示大气效应相位;$\Delta\varphi_{noise}^i$ 表示噪声相位。在不考虑地形残余、大气效应及噪声相位的前提下,式(2-13)可以简化为:

$$\delta(\varphi_i) = \varphi_B - \varphi_A = \frac{4\pi}{\lambda}(d_B - d_A) \quad (2\text{-}14)$$

为了得到具有物理意义的形变序列,可将式(2-14)中的相位表示为两个获取时段的平均相位速率和间隔时间的乘积,即:

$$v_i = \frac{\varphi_i - \varphi_{i-1}}{t_i - t_{i-1}} \quad (2\text{-}15)$$

第 i 幅差分干涉图的相位可以表达为各时段形变速率在主、副影像时间间隔上的积分,表达为矩阵形式为:

$$Bv = \delta\varphi \quad (2\text{-}16)$$

由于 SBAS-InSAR 技术采用的是多主影像的策略,因此系数矩阵 B 容易产生秩亏,采用奇异值分解(SVD)的办法获得 B 的广义逆矩阵,得到形变速率 v 的最小范数解,利用各个时段的速率积分便可获取到整个观测时间段的形变量。其数据处理流程如图 2-5 所示。

2.2.4 TCP-InSAR 方法原理

TCP-InSAR 方法是香港理工大学张磊博士提出的一种新型的时间序列 InSAR 方法,其核心思想是利用时间序列影像选取出临时高相干点,将这些点连成网,利用各点之间的相位差采用一种粗差探测的方法去除存在相位整周模糊的弧段,再基于平差的思想求解各个点的形变参数[112-114]。

假设第 i 幅干涉图中两个选定的临时高相干点为 (l, m) 和 (l', m'),其缠绕相位差可表示为:

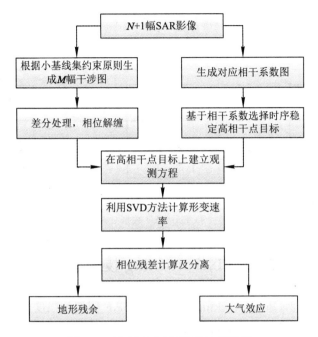

图 2-5 SBAS-InSAR 数据处理流程

$$\Delta \varphi^{i}{}_{l,m;l',m'} = \omega\{\alpha \Delta h + \beta \Delta v + \Delta \varphi_{\text{noise}}\} \qquad (2\text{-}17)$$

其中,$\omega\{*\}$表示缠绕相位;α,β表示系数;Δh,Δv,$\Delta \varphi_{\text{noise}}$分别表示两点之间的地形残余之差、形变速率之差和残余噪声之差。对于整个干涉图中临时相干点连接而成的观测网,可表达为:

$$\Delta \boldsymbol{\varphi} = \boldsymbol{A} \begin{bmatrix} \Delta \boldsymbol{h} \\ \Delta \boldsymbol{v} \end{bmatrix} + \Delta \boldsymbol{\varphi}_{\text{noise}} \qquad (2\text{-}18)$$

其中,$\boldsymbol{A}$表示系数矩阵;$\Delta \boldsymbol{h}$表示地形残余之差;$\Delta \boldsymbol{v}$表示形变速率之差;$\Delta \boldsymbol{\varphi}_{\text{noise}}$表示残余噪声之差。假设弧段上两相干点之间的大气效应及地形误差可以忽略,认为这两点的观测值是独立等精度的,借助于协方差传播率可以估算出残余噪声之差的方差,其表达形式为:

$$D\{\boldsymbol{\varphi}_{\text{noise}}\} = \boldsymbol{Q}_{\text{arc}} - \boldsymbol{A}(\boldsymbol{A}^{\text{T}}\boldsymbol{P}^{\text{arc}}\boldsymbol{A})^{-1}\boldsymbol{A}^{\text{T}} \qquad (2\text{-}19)$$

式中,$\boldsymbol{Q}_{\text{arc}}$表示各弧段之间的协方差,$\boldsymbol{P}^{\text{arc}}$表示权值。在计算出残余噪声相位之差的方差后,借助于高等测量平差中粗差探测的思想,可以95%的置信区间剔除两个相干点之间存在相位跳变的弧段。对于剩余的弧段,可认为是不存在相位跳变的,可借助于最小二乘平差的思想得到各相干点的形变参数及地形残差。其数据处理流程如图 2-6 所示。

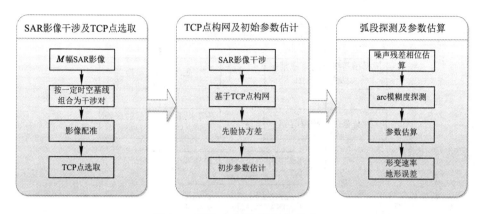

图 2-6　TCP-InSAR 数据处理流程

2.3　Pixel-tracking 技术原理

像元跟踪技术(Pixel-tracking)主要利用 SAR 图像的强度信息,通过对像元进行互相关正则化计算,对地表形变发生前、后的两幅 SAR 强度图像按照一定大小的窗口进行精确的匹配,计算出中心像元在方位向和距离向的偏移量,从而逐个像元进行遍历计算提取出地表形变场[61, 115]。该方法本身受传统光学影像配准算法的启发,主要是利用两幅覆盖同一地区的 SAR 图像强度信息进行影像匹配,按照一定的模板寻找强度互相关系数峰值,但是需要两幅影像匹配模板同时具有一定相似性的可被分辨的特征,特征要素的相似性是影响像元跟踪技术监测精度的主要因素之一。基于 SAR 影像强度的像元跟踪算法核心是寻找模板窗口内强度互相关系数峰值的过程,即一定窗口内像元的匹配过程,其原理如下:(1) 两幅覆盖同一地点的 SAR 影像,首先进行初步配准,计算出影像的初始偏移量;(2) 选取一定大小的模板窗口,进行互相关计算,计算公式见式(2-20);(3) 依据窗口内的互相关系数,找出互相关系数峰值所在的位置,该位置与主影像中心像元的差值即为偏移量。

$$\rho(x,y) = \left| \frac{\sum\sum [I_1(x,y) - \bar{I_1}][I_2(x+u,y+v) - \bar{I_2}]}{\sqrt{\sum\sum [I_1(x,y) - \bar{I_1}]^2 \sum\sum [I_2(x+u,y+v) - \bar{I_2}]^2}} \right|$$

(2-20)

式中,$\rho(x,y)$表示相关系数;(x,y)表示中心像元的坐标;u,v分别表示在距离向和方位向的偏移量;I_1,I_2分别表示参考模板窗口内的像元强度和搜索模板窗口内的像元强度,参考模板窗口的大小等于搜索模板窗口的大小,分别对应于参考 SAR 影像（主影像）和搜索 SAR 影像（副影像）；$\overline{I_1}$，$\overline{I_2}$ 分别表示对应的模板窗口内像元强度的均值，其对应原理图如图 2-7 所示。

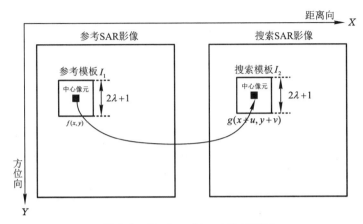

图 2-7　Pixel-tracking 方法原理图

　　在对模板窗口内的像元遍历进行互相关系数计算后，得到一个模板窗口大小的相关系数矩阵，系数矩阵中的峰值位置对应的就是像元偏移的位置。在确定相关系数矩阵峰值位置的时候，通常采用的方法有内插法、最小二乘拟合法以及内插与最小二乘拟合相结合的方法[116]。内插法原理简单、便于应用，但其匹配峰值的位置精度较差。最小二乘拟合的方法虽能获得最优解，但该方法的精度受像元尺寸的影响较大。内插与最小二乘拟合相结合的方法能够以较高的精度获得相关系数峰值对应的准确位置，被广泛应用到 Pixel-tracking 方法中，其数据处理过程如图 2-8 所示。

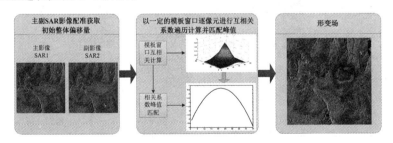

图 2-8　Pixel-tracking 方法数据处理流程

　　Pixel-tracking 方法原理简单，计算量大，监测精度受像元尺寸、地表散射特性、模板窗口的大小、互相关系数内插因子等因素的影响。如果 SAR 卫星对地表成像期间，地表散射信号没有对比度或者对比度很弱，则该方法就无法使用，例如在平静的水面上,回波雷达信号很弱,SAR 强度影像表现为黑色,在这些黑色区域进行互相关计算是没有意义的[117]。Pixel-tracking 方法的优点是不受形变梯度的制约,对时间和空间失相干现象不敏感,有较强的抗噪声能力,能够与依靠相位解缠的 InSAR 方法形成互补。

2.4 SAR 技术监测矿区形变适应性分析

煤炭资源作为我国的主要能源,每年都要进行大规模的开采和消费才能满足经济发展的需要。我国的煤炭资源 96% 来源于井工开采,这就不可避免地引起地表形变。传统的地表形变监测手段主要依靠水准仪、全站仪和 GPS 等常规测量手段,并且只能获取观测站点的形变信息。InSAR 技术的发展,为矿区形变监测带来一种全新的手段,能够从整个面域进行地表形变监测。然而,这种技术应用于矿区有其局限性。本节从矿区地表形变的特点入手,对 SAR 技术监测矿区形变的适用性进行分析,为精细化监测矿区地表形变方法的选取提供参考。

2.4.1 矿区地表形变特征

地下煤炭资源采出后,开采区域周围岩体的初始应力平衡被打破,应力会重新进行分配,达到新的平衡状态,在此过程中,岩层和地表产生连续的移动、变形和非连续的破坏,这种现象称为矿山开采沉陷。在地层介质均匀、无断层的前提下,单一水平煤层开采引起的地表下沉具有一定的规律性,其明显特征如图 2-9 所示。

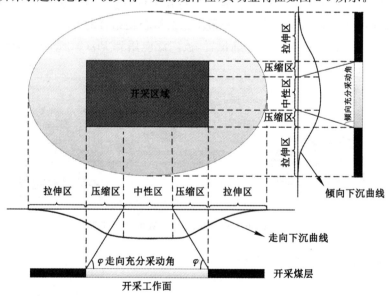

图 2-9 单一工作面充分采动地表下沉示意图

根据开采沉陷地表下沉规律,对于走向、倾向均达到充分采动条件的单一水平煤层开采工作面,地表下沉可以分为三个区域,分别是拉伸区、压缩区和中性区,如图 2-9 所示。在拉伸区域,地表下沉量级相对较小,对于埋深较浅的煤层会出现明显的裂缝或台阶,地表下沉不均匀,地表水平移动向下沉盆地中心方向倾斜;在压缩区域,地表下沉量级较大,地表水平移动指向下沉盆地中心,地表产生压缩变形,通常不会出现明显的地表裂缝现象;在中性区域,表现出均匀的地表下沉,地表下沉的量级最大,通常能够达到该地质采矿条件下应有的最大值,一般不会出现地裂缝。

对于地质采矿条件良好、已知开采沉陷参数的单一工作面,可以采用概率积分法对工作面开采后的稳态地表下沉进行准确预计。

2.4.2　InSAR 技术监测矿区地表形变适用性分析

随着星载 SAR 影像的增加,InSAR 技术广泛地应用到矿区进行地表形变的监测。这种以相位解缠为核心的方法能够以较高的精度获取一定周期内的面域地表形变。然而,这种技术受到形变梯度的限制。当相邻两个像元的相对形变量超过雷达波长的四分之一($\lambda/4$)时,将会引起相位混叠,造成相位解缠失败,从而无法正确恢复地表形变[118-120]。由于不同的星载 SAR 平台采用不同波长的雷达波,因此,不同平台的 SAR 影像对地表形变的可监测能力是不同的[121]。本节对常用的 X 波段的 TerraSAR-X、C 波段的 Radarsat-2 和 L 波段的 ALOS-PALSAR 影像监测矿区形变的能力进行分析。表 2-1 列出了三种平台的 SAR 卫星参数及理论可监测形变梯度。

表 2-1　　　三种 SAR 卫星参数及相邻像元理论可监测形变梯度

传感器名称	波段	波长/cm	可监测梯度理论阈值/cm
TerraSAR-X	X	3.2	0.8
Radarsat-2	C	5.6	1.4
ALOS-PALSAR	L	23.6	5.9

根据概率积分法预计模型,模拟一个走向长度 600 m,倾向长度 300 m,采深 300 m,采厚 10 m 的煤层开采引起的地表形变,其地表下沉如图 2-10 所示。为了计算不同 SAR 传感器对形变的可监测梯度,把模拟的地表形变分别根据 TerraSAR-X、Radarsat-2 和 ALOS-PALSAR 影像的入射角转换为各自雷达视线方向的形变,然后按照三个传感器获取到影像的像元尺寸对模拟的雷达视线向形变分别进行重新采样。沿开采工作面走向和倾向方向各提取一条剖线,分别对比在此剖线上三种不同波长雷达传感器的相邻两个像元的形变梯度。图

2-11 所示为 TerraSAR-X 传感器 stripmap 模式像元尺寸为 1.36 m×2.19 m 时,对应于模拟形变的走向、倾向方向相邻像元间的形变梯度。虚线框内的部分表示该区域的相邻两个像元的形变梯度超过了理论阈值,是不可解缠区域,对应于图 2-12 中的虚线椭圆。图 2-12 所示为 TerraSAR-X 影像监测该模拟形变的理论可监测范围,由图可知,针对该模拟的矿区大量级形变,TerraSAR-X 影像只能获取下沉盆地边缘形变。

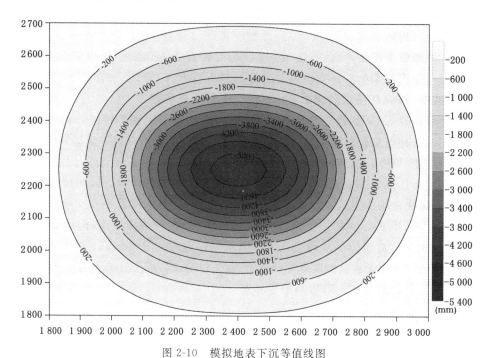

图 2-10　模拟地表下沉等值线图

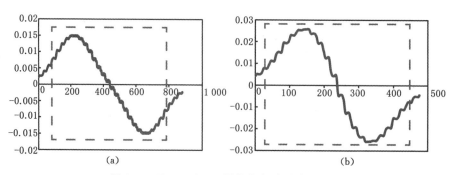

图 2-11　TerraSAR-X 影像走向、倾向剖线梯度

(a) 走向剖线;(b) 倾向剖线

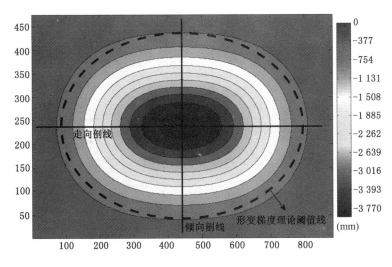

图 2-12　TerraSAR-X 影像可监测区域划分

　　图 2-13 所示为 Radarsat-2 传感器 Stripmap 模式 2.66 m×2.90 m 像元尺寸的影像监测该模拟形变走向和倾向方向相邻像元的形变梯度。虚线框内的部分代表形变梯度超过理论阈值无法正确进行相位解缠的区域,对应于图 2-14 中的虚线椭圆。虽然 Radarsat-2 传感器的雷达波长相对 TerraSAR-X 较长,但 Radarsat-2 影像的像元尺寸明显比 TerraSAR-X 影像大,所以,针对该模拟大形变,Radarsat-2 影像的理论可监测范围相对于 TerraSAR-X 影像提高不明显。

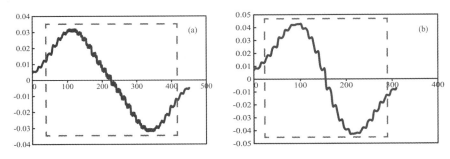

图 2-13　Radarsat-2 影像走向、倾向剖线梯度
(a) 走向剖线;(b) 倾向剖线

　　图 2-15 所示为 ALOS-PALSAR 传感器 Stripmap 模式 4.68 m×3.15 m 像元尺寸的 SAR 影像监测该模拟形变走向和倾向方向相邻像元的形变梯度。图

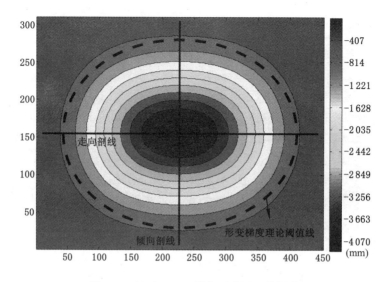

图 2-14　Radarsat-2 影像可监测区域划分

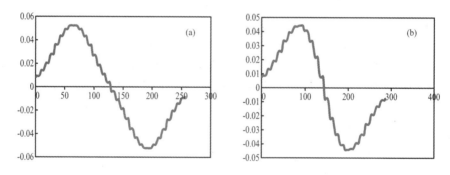

图 2-15　ALOS-PALSAR 影像走向、倾向剖线梯度
（a）走向剖线；（b）倾向剖线

2-16 表示可监测的区域。虽然基于概率积分法模拟的下沉盆地下沉量级很大，其最大值达到 5 200 mm，但由于 ALOS-PALSAR 传感器采用的是 L 波段，其波长达到 23.6 cm，再把数值沉降转换为卫星视线方向形变后，其形变梯度并未超过相邻两个像元进行相位解缠的梯度阈值，因此，理论上采用 ALOS-PALSAR 影像基于相位解缠的思想可以恢复该大形变。

　　通常，我国大部分矿区地表覆盖为植被，这大大加剧了 SAR 影像干涉处理时噪声的水平，而相位解缠的理论梯度阈值是在零噪声水平下得到的，因此在实际中，矿区可正确监测的下沉盆地区域比理论上更小[122-123]。为了降低 SAR 影

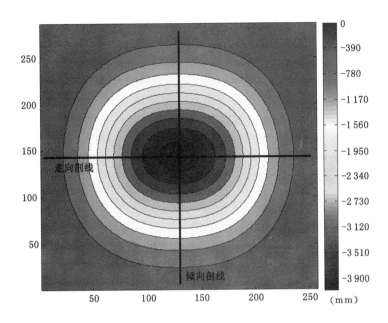

图 2-16   ALOS-PALSAR 影像可监测区域

像的噪声水平,常采用多视处理的办法,虽然能减弱噪声影响,但这是以牺牲像元尺寸为代价的。矿区沉降往往有较大的量级,像元尺寸的增加会增大相位解缠的梯度阈值,仍然不能解决矿区大形变监测问题。以该模拟形变数据为例,虽然相邻像元形变梯度未超过 ALOS-PALSAR 影像理论梯度阈值,但在实际应用中,受各种失相干及噪声因素影响,仍然无法正确恢复大形变。

　　基于相位解缠思想的 D-InSAR 技术是时间序列 InSAR 技术的基础。虽然时序 InSAR 技术能够很大程度上削弱大气效应和地形误差,但针对矿区大梯度形变的监测,时序 InSAR 技术并不能有效获取。这是由于受地下煤层开采方法、掘进速度及覆岩特性的影响,地表下沉具有明显的非线性特征,并伴有阶跃性。以我国西北地区大柳塔矿区长壁综采工作面为例,随着工作面的快速推进,在地表下沉的活跃期,下沉盆地下沉速率达到 1 m/d,而逐渐进入稳定期时每年只有几个厘米的下沉。虽然时序 InSAR 技术不能有效监测高强度开采引起的剧烈地表下沉,但该方法对老采空区残余形变监测具有很好的效果[124]。

2.4.3   Pixel-tracking 方法监测矿区地表形变适用性分析

　　基于 SAR 影像强度信息互相关正则化的 Pixel-tracking 方法具有不受形变梯度的制约、对时间空间失相干不敏感的优点,但是这个方法的监测精度主要受互相关窗口的大小、像元尺寸、互相关系数内插因子等因素的影响,一般认为该方法的监测精度为 1/10 像元至 1/30 像元[71, 116]。通常，不同的地质采矿条件，不同的煤层开采深度和厚度会造成不同程度的地表沉陷。根据对下沉盆地监测的目的不同，可采用不同精度的监测方法。Pixel-tracking 方法的监测精度与像元尺寸至关密切，通常认为，地表下沉至少要达到 1/3 个像元的量级，才能使用 Pixel-tracking 方法获取到有效形变信息。在采用 Pixel-tracking 方法对矿区大量级大梯度形变进行精细化监测时，SAR 影像像元尺寸越小，监测精度越高，越能满足监测需求。

为验证不同像元尺寸的 SAR 影像对 Pixel-tracking 方法监测矿区形变精度的影响，采用概率积分法模拟的最大下沉为 5 200 mm 的形变信息（图 2-10），分别加入到 TerraSAR-X、Radarsat-2 和 ALOS-PALSAR 影像中，采用 Pixel-tracking 方法互相关计算窗口大小为 91 和相关系数内插因子为 8 倍，分别对形变进行恢复，并沿工作面走向和倾向分别提取两条剖面线对监测精度进行评价。

图 2-17 所示为像元尺寸为 1.36 m×2.19 m 的 TerraSAR-X 影像监测模拟形变的走向和倾向剖线图。通过与模拟数据进行对比，像元尺寸为 1.36 m×2.19 m 的 TerraSAR-X 影像采用 91 的互相关窗口 8 倍相关系数内插因子监测模拟形变的精度为 0.072 m，平均绝对差值为 0.095 m，最大绝对差值为 0.293 m。

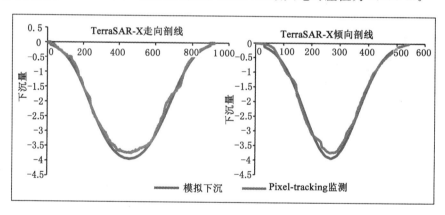

图 2-17　TerraSAR-X 走向、倾向剖线

图 2-18 所示为像元尺寸为 2.66 m×2.90 m 的 Radarsat-2 影像监测模拟形变的走向和倾向剖线图。通过与模拟数据进行对比，Pixel-tracking 方法监测该大形变的精度为 0.278 m，平均绝对差值 0.279 m，最大绝对差值 1.029 m。

图 2-19 所示为像元尺寸为 4.68 m×3.15 m 的 ALOS-PALSAR 影像监测模拟形变的走向和倾向剖线图。通过与模拟数据进行对比，Pixel-tracking 方法监测该大形变的精度为 0.534 m，平均绝对差值 0.514 m，最大绝对差值 2.042 m。

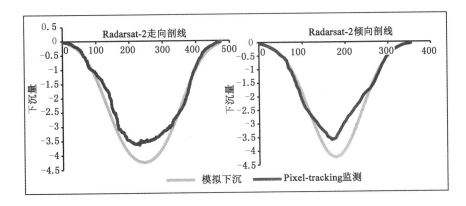

图 2-18 Radarsat-2 走向、倾向剖线

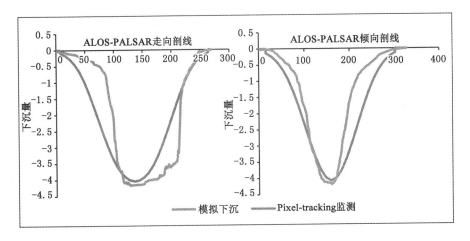

图 2-19 ALOS-PALSAR 走向、倾向剖线

通过对比发现,同一个大量级形变采用 Pixel-tracking 方法监测,不同像元尺寸的影像表现出不同的监测精度。像元尺寸越小,监测的精度越高。因此,在使用 Pixel-tracking 方法监测矿区大量级形变时,应根据不同的应用需求选择不同分辨率的 SAR 影像。

2.5 本章小结

(1) 介绍了相位差分干涉测量的原理和数据处理流程,以此为基础对基于相位解缠的时间序列 InSAR 方法原理及数据处理流程进行了介绍。

（2）介绍了 Pixel-tracking 方法的原理和数据处理流程。

（3）针对矿区地表下沉的特点，采用概率积分法模拟地表下沉针对三种不同波长、不同像元尺寸的 SAR 影像分别对基于相位解缠来获取形变的 InSAR 方法和 Pixel-tracking 方法监测矿区形变的适用性进行了分析，为不同的应用需求选择不同分辨率的 SAR 影像提供了技术依据。

3 Pixel-tracking 监测矿区大梯度形变局部自适应窗口研究

矿区大梯度形变具有下沉量级大、影响范围小的特点。Pixel-tracking 方法是监测大形变的有效方法,广泛应用到地震、滑坡、冰川漂移等重大自然灾害的监测方面[125-127]。由于矿区形变的特点,采用固定的互相关窗口很难准确获取到整个下沉盆地的形变信息。本章首先采用模拟数据分析了影响 Pixel-tracking 方法监测精度的主要因素。结合矿区形变特征提出了一种局部自适应互相关窗口的 Pixel-tracking 方法用来监测矿区大梯度形变,根据现场实测数据采用该自适应窗口方法对大柳塔矿区 52304 工作面的监测精度进行评定。

3.1 Pixel-tracking 方法监测精度分析

Pixel-tracking 方法的监测精度主要受像元尺寸、互相关窗口大小、相关系数内插因子等因素的影响。为定量分析各种因素,采用概率积分法模拟不同量级的下沉,并把下沉信息加入到不同像元尺寸的 SAR 影像中。

3.1.1 模拟数据的生成

煤炭开采引起的地表下沉具有很强的规律性,在已知地质采矿条件和预测参数的情况下,可以采用概率积分法比较准确地对地表下沉进行预计。本书中,模拟一个走向长度 600 m、倾向宽度 300 m 的工作面,按照煤层厚度为 10 m、5 m、2.5 m、1.25 m 分别进行预计,得到最大下沉分别为 5 200 mm、2 600 mm、1 300 mm、650 mm 的下沉盆地。把模拟下沉盆地分别采样至 TerraSAR-X、Radarsat-2 和 ALOS-PALSAR 影像对应的像元尺寸,其对应参数见表 3-1。

表 3-1　　　　　　　　　　　　三种 SAR 卫星影像参数

传感器名称	波段	入射角/(°)	像元尺寸/m×m
TerraSAR-X	X	42.81	1.36×2.19
Radarsat-2	C	35.51	2.66×2.90
ALOS-PALSAR	L	38.71	4.68×3.15

概率积分法预计的下沉是在竖直方向上，为了把下沉信息加入到 SAR 影像中，必须把竖直方向的下沉量转化为不同平台 SAR 影像距离向像元偏移量。其转换公式为：

$$P_{\text{offset}} = \frac{S_{\text{sub}} \cdot \cos \theta}{R_{\text{size}}} \tag{3-1}$$

式中，S_{sub} 表示竖直方向下沉；θ 表示对应像元的入射角；R_{size} 表示距离向像元尺寸。在完成竖直方向下沉信息转换为距离向像元偏移之后，采用三次卷积内插法对原始 SLC 影像的实部和虚部分别进行重新采样[128]，采样后的 SLC 图就是包含了下沉信息的 SAR 影像。三次卷积内插法其原理是利用多项式$S(\omega)$来逼近理论最佳插值函数：

$$\sin c(\omega) = \frac{\sin \omega}{\omega} \tag{3-2}$$

其中：

$$S(\omega) = \begin{cases} 1 - 2|\omega|^2 + |\omega|^3, & |\omega| < 1 \\ 4 - 8|\omega| + 5|\omega|^2 - |\omega|^3, & 1 \leqslant |\omega| \leqslant 2 \\ 0, & |\omega| > 2 \end{cases} \tag{3-3}$$

三次卷积内插法示意图如图 3-1 所示。

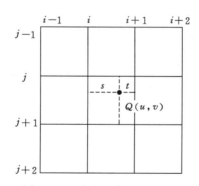

图 3-1 三次卷积内插法示意图

利用周围邻近 16 个点的值进行内插：

$$Q(u, v) = \boldsymbol{A} \cdot \boldsymbol{B} \cdot \boldsymbol{C} \tag{3-4}$$

其中：

$$\boldsymbol{A} = \begin{bmatrix} S(1+t) \\ S(t) \\ S(1-t) \\ S(2-t) \end{bmatrix}^{\mathrm{T}}, \boldsymbol{C} = \begin{bmatrix} S(1+s) \\ S(s) \\ S(1-s) \\ S(2-s) \end{bmatrix} \tag{3-5}$$

$$\mathbf{B} = \begin{bmatrix} p(i-1,j-1) & p(i-1,j) & p(i-1,j+1) & p(i-1,j+2) \\ p(i,j-1) & p(i,j) & p(i,j+1) & p(i,j+2) \\ p(i+1,j-1) & p(i+1,j) & p(i+1,j+1) & p(i+1,j+2) \\ p(i+2,j-1) & p(i+2,j) & p(i+2,j+1) & p(i+2,j+2) \end{bmatrix}$$

$$(3-6)$$

在对原始 SLC 影像的实部、虚部分别进行三次卷积重采样后,就得到了模拟下沉的 SLC 影像。分别把四种不同下沉量级的模拟形变加入到三个平台的 SAR 影像中,共得到 12 幅影像用于进一步的研究。图 3-2 所示为模拟的四种不同量级的下沉盆地;图 3-3 所示为利用 Pixel-tracking 方法采用 TerraSAR-X 影像互相关窗口大小为 41 时恢复的不同量级的形变;图 3-4 所示为利用 Pixel-tracking 方法采用 Radarsat-2 影像互相关窗口大小为 41 时恢复的不同量级的形变;图 3-5 所示为利用 Pixel-tracking 方法采用 ALOS-PALSAR 影像互相关窗口大小为 41 时恢复的不同量级的形变。

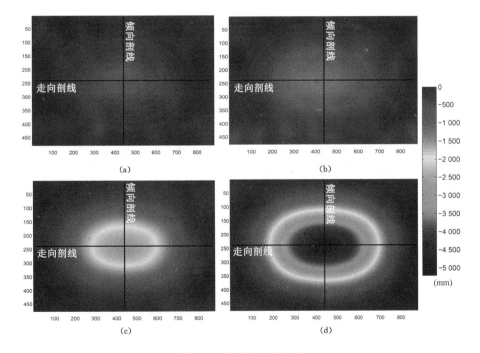

图 3-2　模拟地表下沉图

(a) 最大下沉 650 mm;(b) 最大下沉 1 300 mm;(c) 最大下沉 2 600 mm;(d) 最大下沉 5 200 mm

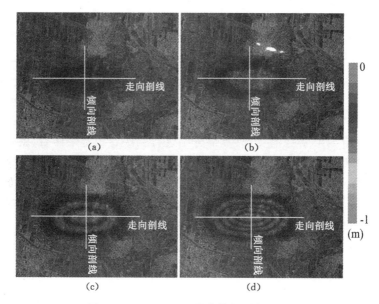

图 3-3　TerraSAR-X 影像模拟形变监测图

（a）最大下沉 650 mm；（b）最大下沉 1 300 mm；（c）最大下沉 2 600 mm；（d）最大下沉 5 200 mm

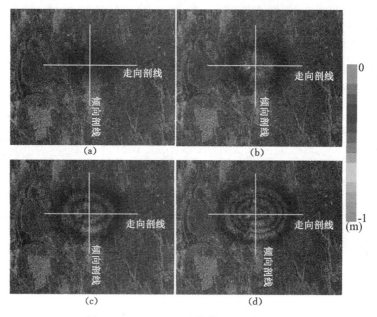

图 3-4　Radarsat-2 影像模拟形变监测图

（a）最大下沉 650 mm；（b）最大下沉 1 300 mm；（c）最大下沉 2 600 mm；（d）最大下沉 5 200 mm

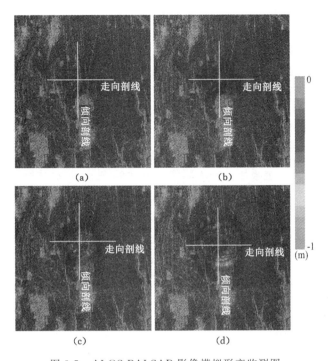

图 3-5　ALOS-PALSAR 影像模拟形变监测图

（a）最大下沉 650 mm；（b）最大下沉 1 300 mm；（c）最大下沉 2 600 mm；（d）最大下沉 5 200 mm

3.1.2　像元尺寸的影响

Pixel-tracking 方法在精确匹配出互相关系数峰值后，可以得到像元的偏移量 P_{offset}，通常需要通过式（3-7）转化为卫星视线方向的形变 D_{LOS}，式中 S_{range} 代表距离向的像元尺寸。

$$D_{\text{LOS}} = P_{\text{offset}} \cdot S_{\text{range}} \tag{3-7}$$

从式（3-7）可知，Pixel-tracking 方法的监测精度与像元尺寸直接相关。事实上，两者之间并不是简单的线性关系，像元尺寸越大表明地表散射单元代表的面积越大，包含的散射信息越丰富。为对比不同像元尺寸的 SAR 影像对 Pixel-tracking 方法精度的影响，选取距离向像元尺寸为 1.36 m、方位向像元尺寸为 2.19 m 的 TerraSAR-X 影像，距离向像元尺寸为 2.66 m，方位向像元尺寸为 2.90 m 的 Radarsat-2 影像，距离向像元尺寸为 4.68 m，方位向像元尺寸为 3.15 m 的 ALOS-PALSAR 影像分别监测模拟 1.25 m、2.5 m、5 m、10 m 厚度煤层开采引起的不同下沉量级的地表形变，并沿模拟数据走向和倾向分别提取两条剖线采用标准差和绝对偏差平均值进行精度评价和分析。

　　图 3-6 所示为 1.25 m 厚度煤层开采引起的地表下沉采用三种不同像元尺寸的 SAR 数据进行 Pixel-tracking 方法监测的精度评价图。图 3-7 所示为 2.5 m 厚度煤层开采引起的地表下沉采用三种不同像元尺寸的 SAR 数据进行 Pixel-tracking 方法监测的精度评价图。图 3-8 所示为 5.0 m 厚度煤层开采引起的地表下沉采用三种不同像元尺寸的 SAR 数据进行 Pixel-tracking 方法监测的精度评价图。由该三图可知,无论互相关窗口大小如何变化,均表现出 ALOS-PALSAR 标准差和绝对偏差平均值最大,Radarsat-2 标准差和绝对偏差平均值次之,TerraSAR-X 标准差和绝对偏差平均值最优。图 3-9 所示为 10 m 厚度煤层开采引起的地表下沉采用三种不同像元尺寸的 SAR 数据进行 Pixel-tracking 方法监测的精度评价图。由图可知,在互相关计算窗口小于 100 时,ALOS-PALSAR 影像监测结果的标准差要优于 Radarsat-2 影像,绝对偏差平均值与 Radarsat-2 影像接近。在互相关计算窗口大于 100 时,仍然表现出 ALOS-PAL-SAR 标准差和绝对偏差平均值最大,Radarsat-2 标准差和绝对偏差平均值次之,TerraSAR-X 标准差和绝对偏差平均值最优。

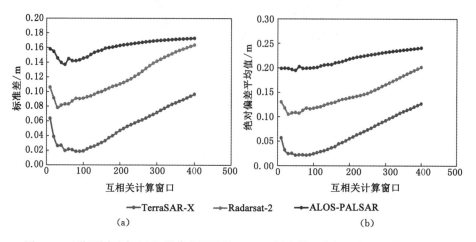

图 3-6　三种不同平台 SAR 影像监测模拟 1.25 m 厚度煤层数据地表形变精度评价图
(a) 标准差;(b) 绝对偏差平均值

　　为充分说明像元尺寸与 Pixel-tracking 方法监测精度的关系,把三种不同像元尺寸的 SAR 影像在四种不同下沉量级数据中的监测结果进行平均,采用标准差均值和平均绝对偏差均值来衡量像元尺寸对精度的影响。如图 3-10 所示,随着像元尺寸的增加,平均标准差和平均绝对偏差均值也随之增加,但像元尺寸与标准差之间不是线性关系。该图也说明 SAR 影像像元尺寸越小,越利于提高 Pixel-tracking 方法的监测精度。

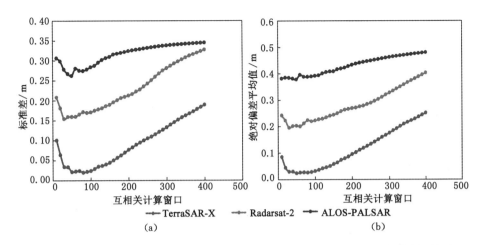

图 3-7　三种不同平台 SAR 影像监测模拟 2.5 m 厚度煤层数据地表形变精度评价图
（a）标准差；（b）绝对偏差平均值

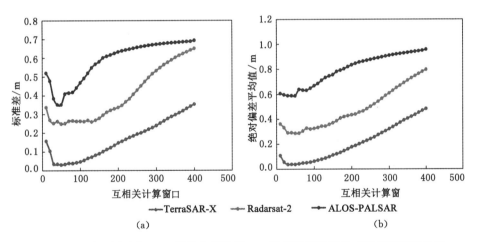

图 3-8　三种不同平台 SAR 影像监测模拟 5 m 厚度煤层数据地表形变精度评价图
（a）标准差；（b）绝对偏差平均值

3.1.3　互相关窗口的影响

互相关窗口的大小是影响 Pixel-tracking 方法监测矿区大量级形变的关键因素。为研究互相关窗口大小对矿区地表形变监测的影响，针对模拟的四种不同下沉量级的地表形变，利用三种不同像元尺寸的 SAR 影像，采用 Pixel-tracking 方法，互相关窗口最小从 11 开始，以 10 个像元为间隔，直到窗口为 401 停止，对每一组模拟影像按照不同的互相关窗口进行 40 次计算，采用标准差和

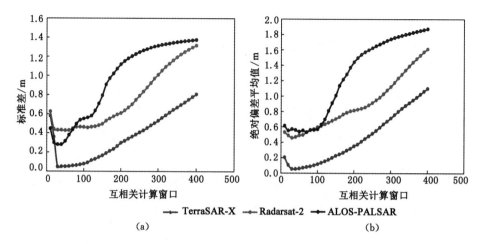

图 3-9　三种不同平台 SAR 影像监测模拟 10 m 厚度煤层数据地表形变精度评价图

（a）标准差；（b）绝对偏差平均值

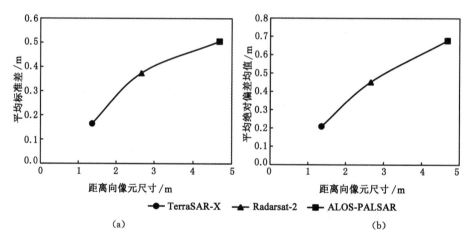

图 3-10　不同像元尺寸平均标准差与平均绝对偏差均值图

（a）平均标准差；（b）平均绝对偏差均值

绝对偏差平均值对监测精度进行评定。

　　由图 3-6～图 3-9 可以发现，无论下沉量级如何变化，三种不同像元尺寸的 SAR 影像都表现出以下特点：（1）随着互相关窗口的增加，标准差和平均绝对偏差都减少；（2）在标准差和平均绝对偏差随互相关窗口的增加达到最小值后，随着窗口的继续增加，标准差和平均绝对偏差开始增加。以上两点说明，针对不同量级的地表下沉，过大或者过小的互相关窗口都不适合监测矿区形变，针对矿区形变的监测,存在一个最优互相关窗口的区间。

为进一步研究互相关窗口大小对 Pixel-tracking 方法监测矿区形变精度的影响,以三种不同像元尺寸的 SAR 影像互相关窗口大小分别为 61,121,181,241,301 和 361 时的监测结果沿四种不同下沉量级的模拟数据工作面走向剖线进行提取,与模拟下沉真值进行比较。图 3-11 所示为采用 TerraSAR-X 影像监测四种不同下沉量级地表形变沿工作面走向剖线图,由该图可知,随着互相关窗口的增大,走向剖线在下沉盆地底部的监测结果越来越小,也就是说过大的互相关窗口会对下沉盆地底部造成一种"压缩"现象,窗口越大"压缩"现象越明显。

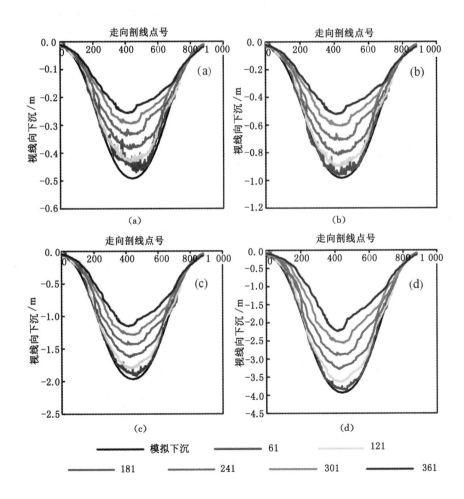

图 3-11 TerraSAR-X 影像不同互相关窗口监测不同下沉量级形变走向剖线图

(a) 1.25 m 采厚;(b) 2.5 m 采厚;(c) 5 m 采厚;(d) 10 m 采厚

　　图 3-12 所示为采用 Radarsat-2 影像监测四种不同下沉量级地表形变沿工作面走向剖线图,该图同样表现出随互相关窗口的增加,下沉盆地底部表现出形变"压缩"现象,窗口越大,下沉盆地底部形变"压缩"现象越明显。图 3-13 所示为采用 ALOS-PALSAR 影像监测四种不同下沉量级地表形变沿工作面走向剖线图,该图中同样出现了过大互相关窗口对下沉盆地底部形变的"压缩"现象,同时,随着下沉量级的增大,互相关窗口大小为 61 时监测结果沿走向剖面线越来越接近模拟下沉值,这说明针对 Pixel-tracking 方法较大像元尺寸的 SAR 影像适合监测大量级的形变,对较小量级的形变不敏感。对同一下沉量级的模拟数据,针对三种不同像元尺寸的 SAR 影像的监测结果进行对比,同样表明 SAR 影像像元尺寸越大,越不利于高精度监测结果的获取。

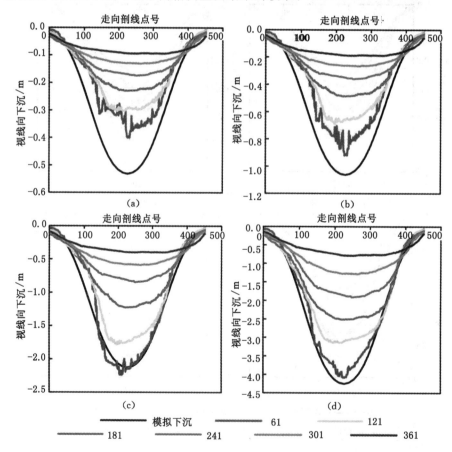

图 3-12　Radarsat-2 影像不同互相关窗口监测不同下沉量级形变走向剖线图

(a) 1.25 m 采厚;(b) 2.5 m 采厚;(c) 5 m 采厚;(d) 10 m 采厚

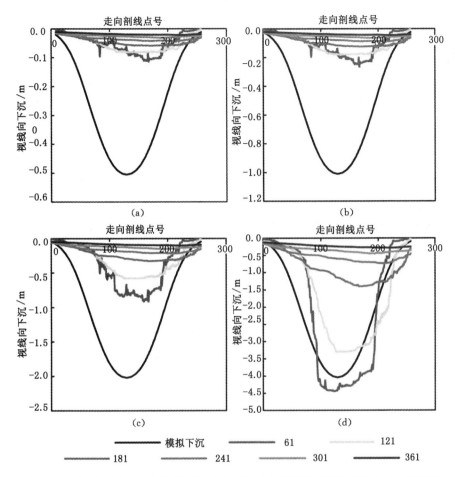

图 3-13　ALOS-PALSAR 影像不同互相关窗口监测不同下沉量级形变走向剖线图

(a) 1.25 m 采厚　(b) 2.5 m 采厚　(c) 5 m 采厚　(d) 10 m 采厚

过大的互相关计算窗口会对地表下沉盆地形变造成"压缩"现象,使 Pixel-tracking 方法的监测精度下降。不同下沉量级的形变,采用同一种影像同一固定互相关窗口进行处理,其被"压缩"的程度也不同。为说明形变"压缩"量级与互相关窗口大小及形变量级的关系,采用压缩比值来进行量化。压缩比值定义为下沉盆地形变的最大下沉真值与最大监测值之差除以最大下沉真值,其计算公式如下:

$$\rho = \frac{S - S_{pixel}}{S} \tag{3-8}$$

式中,ρ 代表压缩比值;S 代表最大下沉真值;S_{pixel} 代表最大监测值。

下沉盆地底部形变压缩比值越大,证明压缩现象越明显。若该比值为负值,证明不存在压缩现象,监测值比地表真实下沉偏大。图 3-14 所示为采用三种不同像元尺寸 SAR 影像监测模拟一定地质条件下开采四种不同厚度煤层引起的地表下沉压缩比值与互相关计算窗口的关系图。由该图可知,随着互相关计算窗口的增大,压缩比值逐渐增大,这再次验证了过大的互相关计算窗口会造成形变的压缩。针对不同像元尺寸的 SAR 影像,模拟煤层厚度值越小,引起的地表形变量级越小,其对应的压缩比值越大,这说明 Pixel-tracking 方法监测小量级形变时虽然压缩量级较小,但其相对比值较大。同时,图 3-14(a)中,压缩比值随模拟煤层开采厚度的变化不明显,这说明较小的像元尺寸适合监测各种下沉量级的地表形变;图 3-14(b)中,当互相关计算窗口较小时,下沉量级越大其压缩比值越小,这说明该影像像元尺寸监测小量级形变时精度较低,适宜监测大量级形变;图3-14(c)中,模拟煤层开采厚度较小时,压缩比值处于很高的水平,当模拟开采煤层厚度达到 10 m 时,根据模拟数据采用的地质条件对应于地表形变将会达到 5 m 以上,此时压缩比值急剧下降,说明该像元尺寸影像适合监测 5 m 以上量级地表形变。

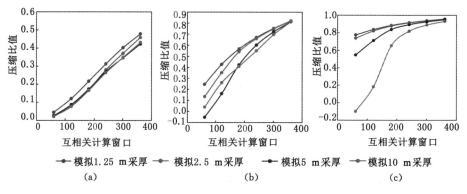

图 3-14   压缩比值与互相关计算窗口关系图

(a) TerraSAR-X;(b) Radarsat-2;(c) ALOS-PALSAR

3.1.4   内插因子的影响

根据 Pixel-tracking 方法数据处理流程,在完成互相关系数计算后,为精确获取相关系数峰值位置,需要对互相关系数矩阵进行内插,然后基于二次多项式模型确定峰值位置。内插因子的作用就是控制相关系数矩阵内插的倍数。通常内插因子为 2、4、8、16 等。理论上,内插因子越大,相关系数矩阵内插的倍数越大,越能更精确地获取到峰值位置。但在实际中,内插因子通常选取为 4 或者 8,这主要是从计算效率进行考虑的。为保证相关系数矩阵内插的精度,采用三次卷积内插法。该方法能够很好地保证信号的信噪比,但计算量较大,需要较多的运算时间。图 3-15 所示为采用 61 的互相关计算窗口,利用三种不同像元尺寸 SAR 影像,针对不同的内插因子对模拟一定地质条件下 5 m 厚度煤层开采引起的形变沿走向和倾向剖面线进行精度评价。由该图可知,内插因子的大小对 Pixel-tracking 方法的精度影响较小,但仍能表现出内插因子越高监测精度越高,考虑到运算时间的影响,常采用 8 倍内插因子。

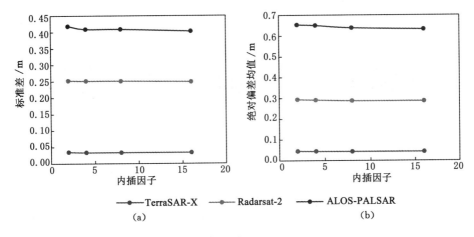

图 3-15　内插因子对精度的影响图

(a) 标准差;(b) 绝对偏差均值

3.2　局部自适应窗口 Pixel-tracking 方法

互相关窗口的大小对于 Pixel-tracking 方法监测矿区大量级形变至关重要。模拟数据实验结果表明,过大的窗口会对下沉盆地底部形变造成"压缩",窗口太小时,由于采样信息的减少,会造成大量点的误匹配。选择一个合适的互相关计算窗口是提升 Pixel-tracking 方法监测精度的关键。

3.2.1　过大窗口造成形变"压缩"的原因

过大的互相关计算窗口会造成下沉盆地底部形变的"压缩"现象,窗口越大压缩现象越明显。根据 Pixel-tracking 方法监测矿区形变的原理,造成"压缩"现象主要是相关系数峰值位置匹配不准确,这肯定与互相关系数矩阵有关。为验证互相关窗口大小与互相关系数矩阵的关系,采用 Radarsat-2 影像监测模拟一定地质条件下 5 m 厚度煤层开采导致的地表形变,分别采用 11,31,61,121,181,241 的互相关计算窗口,采用 5 倍的内插因子监测下沉盆地底部形变,其对应窗口的相关系数表面图如图 3-16 所示。

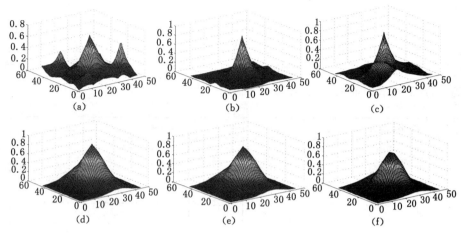

图 3-16　不同互相关窗口相关系数表面图
(a) 11;(b) 31;(c) 61;(d) 121;(e) 181;(f) 241

　　图 3-16(a)表示采用 11 的互相关计算窗口得到的下沉盆地底部互相关系数表面图,由该图可知,互相关系数表面出现了多个峰值位置,这就很容易导致匹配峰值位置时出现误匹配,最终导致监测结果错误,这也是过小的互相关计算窗口容易造成像元误匹配的原因。图 3-16(b)表示采用 31 的互相关计算窗口得到的互相关系数表面图,该图是比较理想的互相关系数表面图,具有非常明显的峰值中心且峰值周边相关系数值较小,对比度明显,便于精确匹配出峰值位置。图 3-16(c)表示采用 61 的互相关计算窗口得到的相关系数表面图,该图相关系数峰值顶端尖锐,对比度明显,附近相关系数出现波动,但不影响峰值位置的精确确定。图 3-16(d)表示采用 121 的互相关计算窗口得到的相关系数表面图,该图具有峰值,但峰值周围出现较高的相关系数值,在采用二次多项式对峰值位置进行精确拟合时,周围较高的相关系数值会对拟合的位置产生影响,造成形变压缩。图 3-16(e)表示采用 181 的互相关计算窗口得到的相关系数表面图,该图相关系数峰值位置不再明显,峰值周围出现更高的相关系数值,这会对拟合出的峰值位置产生严重影响。图 3-16(f)表示采用 241 的互相关窗口得到的相关系数表面图,该图中峰值位置已经很难识别,相关系数峰值出现严重的"钝化"现象,其尖端已由一个点变为一个平面,并且周围相关系数值与峰值更加接近,采用二次多项式对峰值位置进行精确拟合时,势必会造成峰值位置匹配错误。

　　由以上分析可知,在满足相关系数表面出现单一顶峰的情况下,其相关系数峰值顶端越尖锐,越利于峰值位置的精确匹配,过大的互相关计算窗口会造成相关系数表面峰值"钝化",进而造成监测结果误差较大,精度较低。为进一步验证此观点的正确性,对 11,31,61,121,181,241 互相关窗口得到的相关系数峰值进行二次多项式拟合,精确找出拟合峰值位置,其对应拟合曲线如图 3-17 所示。

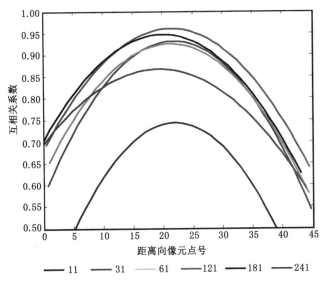

图 3-17 不同窗口互相关系数峰值拟合曲线

图 3-17 表明,随着互相关计算窗口的逐渐增大,拟合曲线顶端变得越来越"钝",这主要是因为受到周围互相关系数的影响。当窗口越来越大时,相关系数表面峰值附近的相关系数值也越来越大,在进行拟合时,会对拟合曲线造成较大影响。表 3-2 列出了采用不同互相关窗口进行监测时,得到的相关系数峰值精确位置及对应的下沉量。

表 3-2   不同互相关窗口监测结果及对应峰值位置

互相关窗口	监测结果/m	峰值位置
11	2.831	23.417
31	2.196	22.223
61	2.049	21.941
121	1.751	21.367
181	1.227	20.360
241	0.809	19.558

3.2.2 SAR 影像强度变化特征及信噪比

互相关系数是根据互相关窗口内 SAR 影像像元的强度计算得来的,因此 SAR 影像强度的变化特征会直接影响到互相关系数。根据互相关系数的计算公式(3-9)可知,如果一幅 SAR 影像在互相关计算窗口内的每一个像元其强度值都相等,则其互相关系数为零,不能采用基于互相关系数正则化的 Pixel-tracking 方法进行形变监测[72, 129]。因此,互相关窗口内的 SAR 影像强度必须保持一定的粗糙度。

$$\rho(x,y) = \left| \frac{\sum \sum [I_1(x,y) - \bar{I_1}][I_2(x+u, y+v) - \bar{I_2}]}{\sqrt{\sum \sum [I_1(x,y) - \bar{I_1}]^2 \sum \sum [I_2(x+u, y+v) - \bar{I_2}]^2}} \right|$$

$$(3-9)$$

SAR 影像中的强度表示雷达波与地物发生散射作用后,返回至传感器信号的强弱,通常与地表的粗糙度、湿度、雷达入射角度及波长有关。通常在整景影像覆盖范围内不完全是水体的情况下,在 SAR 影像中不会出现某个覆盖区域强度值完全相同的情况。因煤炭资源开采引起的地表形变通常有较强的规律性,在一定条件下,在特定区域会出现地表拉伸和断裂,因此覆盖同一地物的两期 SAR 影像其强度信息会发生变化。一定区域内 SAR 影像强度信息变化越剧烈,其对应窗口内的互相关系数值就会越小。图 3-18 所示为针对覆盖大柳塔矿区 52304 工作面的两期 Radarsat-2 影像,分别选择位于大形变发生区域、拉伸区域和未发生形变的稳定区域按照不同大小的窗口统计出的强度变化特征。由该图可知,整体上位于大形变区域的 SAR 影像强度变化较剧烈,无论是平均强度差绝对值还是标准差都较大,这说明在大形变区域,随着形变的发生,雷达的入射角度和地表粗糙度均发生变化,导致两期 SAR 影像强度变化较大;拉伸区域的 SAR 影像强度变化也较大,这主要是由于在拉伸区域通常会出现地表破裂,改变地表的粗糙度,而使得 SAR 影像强度发生较大改变;位于稳定区域的 SAR 影像变化最小,说明稳定区域不受形变影响。

图 3-18 还表明,随着互相关窗口的增加,无论是大形变区域、拉伸区域还是稳定区域,两期 SAR 影像平均强度差绝对值和标准差都会随着互相关窗口增加并达到一定的峰值,随着互相关窗口的继续增加,三个区域的 SAR 影像平均强度差绝对值和标准差开始降低,并最终趋于同一固定值。这是由于较小的互相关窗口时,统计信息不足,而导致平均强度差绝对值较低,随着窗口的增加,平均强度差绝对值和标准差达到最大值,此时的窗口内 SAR 影像的强度变化特征是最明显的;随着窗口的继续增大,平均强度差绝对值和标准差开始下降,当窗口达到一定程度时,三个区域的平均强度差绝对值和标准差趋于同一个固定值。

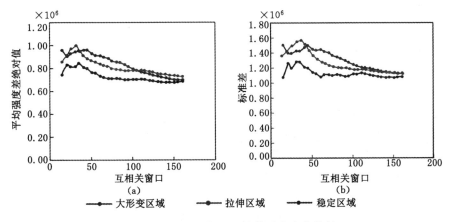

图 3-18 不同区域 SAR 影像强度变化特征

（a）平均强度差绝对值；（b）标准差

这是由于窗口过大而导致的，当窗口内因形变导致的强度信息变化量在整个大窗口内不具有主导优势时，就会出现平均强度差绝对值和标准差趋于固定值的情况。

对于 Pixel-tracking 方法监测形变而言，比较好的情况是窗口内的 SAR 影像强度具有一定的粗糙度，两期 SAR 影像的平均强度差绝对值和标准差适度，同一地物特征在两幅影像内有较好的相似性。为此，需要引入信噪比（SNR）作为一个量化标准来衡量监测结果的可信度。Werner 等人提出信噪比的定义是互相关窗口内的相关系数峰值除以以峰值为中心的 3×3 个像元以外的其他若干相关系数的平均值[115]。这种定义方式在窗口适中时能够获得可靠的信噪比值，当窗口过大时，会造成中心像元附近信噪比值很接近的情况。针对矿区形变的特点，本书中对信噪比的计算进行了重新定义，其计算公式为：

$$SNR = \frac{\rho_{\max}}{\bar{\rho}} \qquad (3-10)$$

式中，$\rho_{\max}$ 代表以互相关计算窗口中心像元为中心的约束半径内的相关系数最大值；$\bar{\rho}$ 代表互相关计算窗口内以 $\rho_{\max}$ 为中心的 5×5 个像元的相关系数平均值。之所以采用以互相关系数最大值为中心的 5×5 个像元的相关系数平均值是因为在进行峰值位置的精确匹配时，峰值位置附近的像元的相关系数对拟合结果有较大影响，采用此定义能够更准确衡量 Pixel-tracking 方法监测结果的可信度。按此定义，SNR 值越大，证明在 5×5 的窗口内峰值的顶端越突出，越利于匹配出精确的峰值位置。

由式(3-10)可知,SNR 值的大小主要与互相关系数有关,而互相关系数主要受互相关窗口的大小、地表粗糙度、两期 SAR 影像强度值的变化、地表植被及形变引起的失相关等因素的影响。而在中国的大部分矿区,其地表植被覆盖度高,这就为 Pixel-tracking 方法精确监测矿区形变带来极大挑战。过高的地表植被覆盖度很容易造成在互相关计算窗口内,相关系数峰值出现误匹配[130]。也就是说两期 SAR 影像匹配出的相关系数最大值的点并不是真正意义上的同名点,而是由于噪声而导致的误匹配。由于 SAR 影像特殊的成像方式及各种噪声的存在,这种误匹配在 SAR 影像中是很难避免的,采用增大互相关计算窗口的方法可以减少误匹配,但这样做会对形变的提取产生影响。为最大限度地避免误匹配的出现,采用像元约束的方法对相关系数最大值出现的区域进行约束。根据 Pixel-tracking 方法的处理流程,两期的 SAR 影像首先要经过配准处理,经过处理后,两景 SAR 影像的整体偏差会控制在 1/10 个像元之内。而矿区因煤炭开采引起的地表形变具有明显的规律性,在已知采矿条件的情况下,我们可以对地表形变进行比较准确的预计。因此,在对矿区进行 Pixel-tracking 监测时,可以粗略估算出该区域的最大下沉量,我们把此信息作为像元约束的依据,其约束半径为:

$$R = \text{int}(\frac{V \cdot \cos\theta}{S_{\text{range}}}) + 1 \tag{3-11}$$

式中,V 表示最大下沉量;θ 表示卫星的入射角;S_{range} 代表像元距离向的尺寸;int(∗)代表取整运算。在获取到约束半径后,以初始配准的两幅 SAR 影像的互相关窗口中心像元为中心,以 R 为约束半径,在约束半径内的互相关窗口内寻找互相关系数的最大值,然后进行 SNR 的计算。这样可以很大程度上避免 SAR 影像噪声及失相关因素造成的像元误匹配。依据现有的采矿技术,对于非露天煤矿而言,地表形变达到几十厘米至几米是正常的,10 m 以上的形变很少出现。在未知监测区域最大下沉量级时,采用 20 m 作为最大下沉值是足够的,可以把 20 m 作为一个常数用来对未知最大下沉量的监测区域进行约束。

图 3-19 所示为分别位于大形变区域、拉伸区域和稳定区域的 Radarsat-2 影像在不同的互相关计算窗口下 SNR 的变化情况。由该图可知,在互相关窗口较小的情况下,稳定区域的 SNR 值较大,大形变区域和拉伸区域的 SNR 值较小。这主要是由于稳定区域没有形变发生,只有噪声和失相关因素对该区域的互相关系数造成影响,当噪声和失相关因素影响较小时,会得到较大的 SNR 值。当互相关窗口继续增大时,三个不同区域的 SNR 值都会达到顶峰,此时对应的互相关窗口是 Pixel-tracking 方法监测矿区形变的最优窗口。随着窗口的

继续增大,SNR 值会逐渐降低,并达到一个稳定值。这是因为在互相关窗口达到一定程度后,互相关系数峰值位置的互相关系数会先随窗口增大而增加,增加到一定程度时,会基本保持稳定,因此,SNR 值会出现随窗口继续增加而降低并最终稳定在一个固定值的情况。总体而言,三个区域的 SNR 值都表现出一个共性,就是随着互相关窗口的增大而增加,达到峰值后,随着窗口的继续增大而减小,最终趋向于一个稳定值。

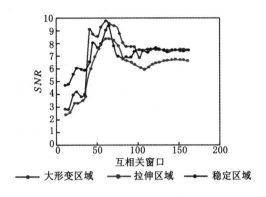

图 3-19　不同区域 SNR 随互相关窗口变化图

3.2.3　局部自适应窗口原理

互相关系数峰值位置的精确确定与 SNR 关系密切,当出现较高的 SNR 值时,对应的窗口为最优的互相关窗口。通过图 3-19 可知,SNR 的最大值集中在一定的互相关窗口区间内,但很难用一个数学模型来模拟互相关窗口与 SNR 之间的关系。为此,设计了一个逐步缩小互相关窗口步长的方法来获取 SNR 最大值,从而寻找最优互相关窗口。假设 SNR 最大值位于互相关窗口的区间为 $[a,d]$,a 代表互相关窗口的最小值,d 代表互相关窗口的最大值;初始互相关窗口的步长为 b。其过程如下:

第一步,依据式(3-12)计算不同窗口的 SNR 值。

$$SNR_{(a+bi)}=\frac{\overset{\max}{\rho_{(a+bi)}}}{\overline{\rho}_{(a+bi)}} \qquad (3\text{-}12)$$

式中,b 代表初始步长,通常设为 8,$i=(0,1,2,\cdots,n)$,$a+bi$ 代表互相关窗口的大小。对满足 $a\leqslant a+bi\leqslant d$ 条件的互相关窗口计算出 SNR 值后,按式(3-13)对各个 SNR 值进行取最大值运算。

$$SNR_1=\max\{SNR_{(a+bi)}\},i=(0,1,2,\cdots,n) \qquad (3\text{-}13)$$

式中,$\max\{*\}$ 代表取最大值。

第二步,缩小互相关窗口步长为 $b/2$,此时只需要计算窗口大小为(temp1－$b/2$)和(temp1＋$b/2$)的两个 SNR 值,并与第一步得到的 SNR 最大值进行比较,取最大值,其公式为:

$$SNR_2 = \max\{SNR_{(\text{temp1}-\frac{b}{2})}, SNR_1, SNR_{(\text{temp1}+\frac{b}{2})}\} \qquad (3\text{-}14)$$

式中,temp1 代表第一步运算中,得到 SNR 最大值时对应的互相关窗口。

第三步,继续缩小互相关窗口步长为 $b/4$,此时只需要计算互相关窗口大小为(temp2－$b/4$)和(temp2＋$b/4$)的两个 SNR 值,并与第一步得到的 SNR 最大值进行比较,取最大值,其公式为:

$$SNR_3 = \max\{SNR_{(\text{temp2}-\frac{b}{4})}, SNR_2, SNR_{(\text{temp2}+\frac{b}{4})}\} \qquad (3\text{-}15)$$

式中,temp2 代表第二步运算中得到最大 SNR 值对应的互相关窗口。通常情况下,初始步长为8,经过两次缩小后,此时步长为2。一般情况下,为便于确立中心像元互相关窗口的大小为奇数,当步长缩小至2时,刚好保证互相关窗口为奇数,此时得到的最大 SNR 值对应的互相关窗口为最优窗口。

虽然这种以缩小互相关窗口步长反复计算 SNR 求取最大值的方法比较烦琐,计算量较大,但采用这种方式能够找出每个像元对应的最优互相关计算窗口,保证了 Pixel-tracking 方法的监测精度。

3.2.4　局部自适应窗口方法数据处理流程

图 3-20 所示为局部自适应窗口 Pixel-tracking 方法数据处理流程图。在此过程中,首先要对两幅 SAR 影像进行配准,整体配准精度达到亚像元级,否则在进行 SNR 计算过程中,采用约束半径进行约束时,由于初始配准的错误可能会导致互相关系数峰值位置匹配错误。

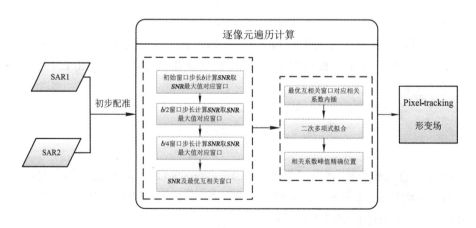

图 3-20　局部自适应窗口 pixel tracking 方法数据处理流程图

3.3 局部自适应窗口 Pixel-tracking 方法矿区监测实验

基于 SNR 最大化的思想,提出了局部自适应窗口 Pixel-tracking 方法。为验证该方法针对矿区大量级地表形变的监测精度,采用两景 Radarsat-2 影像对陕西省榆林市神木县大柳塔矿区 52304 工作面进行监测,依据现场实测 GPS 数据对该方法的监测精度进行评价,并比较了该方法相对于固定窗口的 Pixel-tracking 方法监测矿区形变的优势。

3.3.1 实验区域及数据介绍

实验区域位于陕西省榆林市神木县大柳塔镇,是我国煤炭主产区之一。该区域具有煤炭资源储量大、煤层厚、埋藏浅、煤质优、覆岩简单等优点,地表为黄土覆盖,沟壑纵横、地形起伏较大,是典型的西部黄土沟壑区地貌[131-133]。该区域位于毛乌素沙漠和黄土高原的重叠区,寒暑剧烈,气候干燥,冬季漫长少雨,夏季短促温差大。图 3-21 所示为 52304 工作面位置及沿工作面走向和倾向布设地表移动观测站位置。

图 3-21　研究区域位置图

如图 3-21 所示,位于实验区域存在两个开采工作面,分别是 52304 工作面和 22307 工作面。其中 22307 工作面采用房柱式开采方法于 2005 年完成了整个工作面的开采,52304 工作面全长 4 548 m,宽度 301 m,采用全机械化长壁综采工艺,从 2011 年 11 月开始开采。图 3-21 中的白色框代表实验监测区域,从 2012 年 11 月 27 日开始开采至 2013 年 3 月 25 日结束。由于 22307 工作面采用房柱式开采方法,并且与 52304 开采工作面开采时间间隔较长,因此,可以认为 22307 工作面开采导致的地表形变对 52304 工作面的影响很小,可以忽略不计。52304 工作面平均采深 235 m,平均采厚 6.94 m,煤层倾角 1°~3°,研究区域地表海拔 1 154~1 269 m。图 3-21 中的白色小圆点表示沿工作面走向和倾向方向布设的地表移动观测站,白色箭头表示工作面开采方向,其中沿工作面走向方向布设 45 个,每两个观测站之间间距 25 m,沿工作面倾向方向布设 27 个,每两观测站之间间距 20 m。按照 Radarsat-2 影像的卫星过境时间,分别于 2012 年 11 月 27 日和 2013 年 3 月 27 日对地表移动观测站采用 GPS-RTK 技术进行水平移动和下沉的测量工作,并将其观测结果作为真值用来评价局部自适应窗口 Pixel-tracking 方法的监测精度。表 3-3 所列为 Radarsat-2 卫星参数。

表 3-3　　　　　　　　　　　　　**Radarsat-2 卫星参数**

波段	波长	入射角	航向角	像元尺寸	重访周期
C	5.6 cm	48.03°	351.3°	2.66×2.88	24

3.3.2　实验结果及分析

利用两景覆盖 52304 开采工作面成像日期为 2012 年 11 月 27 日和 2013 年 3 月 17 日的两景 Radarsat-2 影像分别采用局部自适应窗口 Pixel-tracking 方法和窗口为 61、91、121 的固定窗口 Pixel-tracking 方法监测矿区地表下沉,并根据工作面走向、倾向观测站上共计 72 个点 GPS-RTK 数据来衡量监测精度。Pixel-tracking 方法监测到的地表形变是沿着 SAR 卫星视线方向的形变,而 GPS-RTK 监测到的形变是竖直方向的形变和水平移动,为了精确衡量 Pixel-tracking 方法的监测精度,需把地表移动观测站点的水平移动和竖直形变转化为 SAR 卫星视线方向,其转换公式为:

$$D_{los} = \cos\theta \cdot D_v - \sin\theta \cdot \cos\beta \cdot D_e + \sin\theta \cdot \sin\beta \cdot D_n \qquad (3-16)$$

式中,D_{los} 代表卫星视线向形变;D_v 代表竖直下沉;D_e 代表东西方向形变;D_n 代表南北方向形变;θ 代表雷达入射角;β 代表卫星的航向角。

图 3-22 所示为采用局部自适应窗口 Pixel-tracking 方法恢复的 52304 工作面因煤炭开采导致的卫星视线方向地表下沉。依据图 3-22 中走向和倾向地表

移动观测站的 GPS-RTK 观测值,分别对沿工作面走向和倾向方向的 Pixel-tracking 方法的监测精度进行评价。图 3-23 所示为沿工作面走向和倾向方向地表移动观测站点分别采用 61、91、121 及局部自适应窗口 Pixel-tracking 方法监测的结果与 GPS-RTK 数据对比图。

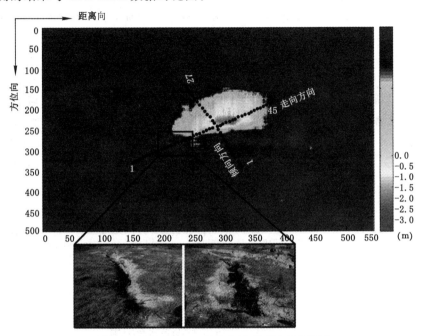

图 3-22　Radarsat-2 雷达坐标系下形变结果图

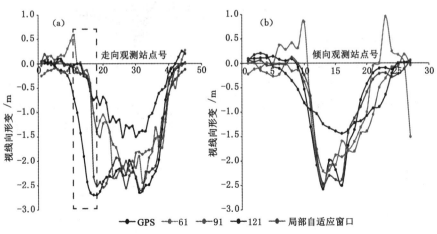

图 3-23　地表移动观测站监测结果对比图

(a) 走向地表移动观测站;(b) 倾向地表移动观测站

如图 3-22 所示,采用局部自适应窗口能够恢复地表下沉盆地,沿走向地表移动观测站监测值与 GPS 测量值比较可知,在走向方向 11 至 18 号点局部自适应窗口 Pixel-tracking 监测值明显低于实际下沉值[图 3-23(a)黑色虚线框所示],其最大偏差达到了 2.27 m。这主要是由于该区域对应于煤炭开采地表移动的拉伸区域,通常在该区域会出现明显的断裂和台阶,如图 3-22 中的黑色框所示,在不考虑其他失相关因素的情况下,断裂和台阶的出现会明显改变该区域 SAR 影像的后向散射强度,最终会导致相关系数峰值位置匹配错误。通过对两景影像该区域(图 3-22 黑色框部分)强度变化的强度平均差值和标准差进行统计发现,其强度平均差值为 887710,标准差为 5421700,而整个研究区域内两景 SAR 影像的平均强度差值为 794230,标准差为 709650,这说明 SAR 影像其强度变化相对于第一景 SAR 影像在黑色框内变化显著,由于影像强度变化明显,而导致 Pixel-tracking 方法在该区域监测精度较差。表 3-4 列出了不同固定互相关计算窗口 Pixel-tracking 方法监测 52304 工作面的精度情况。

表 3-4   **不同互相关窗口 Pixel-tracking 方法监测精度表**

互相关窗口	工作面走向方向/m				工作面倾向方向/m			
	MAVD	max	min	RMSE	MAVD	max	min	RMSE
61	0.589	2.205	0.005	0.609	0.446	1.507	0.013	0.451
91	0.581	2.288	0.003	0.578	0.305	0.966	0.042	0.239
121	0.868	2.133	0.019	0.646	0.410	1.330	0.002	0.359
局部自适应	0.358	2.270	0.000	0.381	0.177	0.623	0.016	0.151

通过图 3-23 和表 3-4 可知,局部自适应窗口 Pixel-tracking 方法比固定窗口 Pixel-tracking 方法监测精度要高。为充分证明局部自适应窗口 Pixel-tracking 方法的有效性,针对模拟一定地质条件下 5 m 厚度煤层开采引起的地表形变加入到 Radarsat-2 影像中(本章 3.1 节所用模拟 Radarsat-2 数据),采用局部自适应窗口 Pixel-tracking 方法进行监测,并沿走向和倾向剖线评价其精度,如表 3-5 所列。

表 3-5   **模拟数据与真实数据监测精度对比**

数据类型	工作面走向方向/m				工作面倾向方向/m			
	MAVD	max	min	RMSE	MAVD	max	min	RMSE
模拟数据	0.096	0.276	0.000	0.097	0.091	0.171	0.000	0.068
真实数据	0.358	2.270	0.000	0.381	0.177	0.623	0.016	0.151

采用局部自适应窗口 Pixel-tracking 方法监测模拟数据的精度要比监测真实地表下沉数据高很多,这主要是由于模拟数据只是对原始 SAR 影像进行重新采样,并不受到失相关因素的影响,因此采用合适的窗口便于精确确定互相关系数峰值位置;而真实 Radarsat-2 数据监测 52304 工作面形变的过程中,两景影像的时间间隔为 120 d,虽然在冬季,地表植被覆盖较少,但仍然存在较严重的失相关因素,因此,局部自适应窗口 Pixel-tracking 方法监测实际大量级地表形变的精度没有监测模拟数据精度高。图 3-24 所示为对局部自适应窗口 Pixel-tracking 方法监测模拟数据和实际大量级地表下沉数据下沉区域互相关窗口的统计图,由该图可以看出,整体上监测模拟数据的互相关窗口较小,主要集中在 37 以下,而真实下沉数据的互相关窗口主要集中在 81,这是由于真实数据中存在失相关噪声的影响,较大的窗口便于获得较大的 SNR 值。模拟数据中由于不存在噪声等失相关因素的干扰,在较小互相关窗口便可获得最大的 SNR 值,此时如果窗口过大,反而会造成 SNR 值的降低。

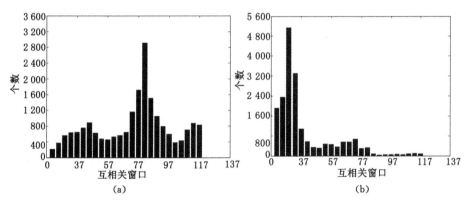

图 3-24　最优互相关窗口统计图

(a) 52304 工作面真实地表下沉数据;(b) 模拟数据

虽然局部自适应窗口 Pixel-tracking 方法能够以最优的互相关窗口来监测矿区大量级形变,相对于固定窗口的方法能够一定程度上提高监测精度,避免了固定互相关窗口的选择依靠数据处理人员经验的情况,很大程度上减少了像元误匹配的出现,但是这种局部自适应窗口的方法需要花费大量的时间来寻找最优窗口,计算量较大,效率较低。在本实验中,采用英特尔酷睿 i5 处理器,6 G 内存,2.4 GHz 处理速度采用局部自适应窗口 Pixel-tracking 方法处理 140×140 像元大小的一个子块影像在 Matlab 程序下需要将近 3 h;而同样大小的子影像,采用 61 的固定窗口只需要 6 min 的时间。因此,运算效率低的问题是局部自适应窗口 Pixel-tracking 方法的一大弊端。

3.4 本章小结

（1）依据概率积分法预计模型，对一定地质采矿条件下不同煤层厚度的同一工作面进行预计，并将形变信息采样至三种不同像元尺寸的 SAR 影像中，共生成 12 种不同下沉量级不同像元尺寸的模拟数据；依据模拟数据对影响 Pixel-tracking 方法监测精度的因素进行分析。

（2）对过大窗口造成形变"压缩"现象进行解释，对 SNR 进行重新定义，依据矿区形变特征加入约束条件减少误匹配，依据 SNR 最大化原则提出一种局部自适应窗口的 Pixel-tracking 方法监测矿区大量级地表形变。

（3）针对大柳塔矿区 52304 工作面采用局部自适应窗口 Pixel-tracking 方法进行验证并评价其精度，与固定窗口 Pixel-tracking 方法进行比较，证明局部自适应窗口 Pixel-tracking 方法监测精度更高。

4　顾及地形因素的 Pixel-tracking 方法监测矿区大梯度形变研究

在第 3 章中提到,Pixel-tracking 方法的监测精度与像元尺寸、互相关计算窗口的大小、内插因子等因素有关,这些因素与数据处理参数有关,属于影响 Pixel-tracking 监测结果的内在因素。而在重复轨道 SAR 卫星两次对同一地物成像的过程中,复杂的地形起伏、卫星轨道的偏差、电离层及大气延迟、系统本身噪声等因素均会对影像造成一定的几何变形,从而影响 Pixel-tracking 方法监测的精度,这些因素可以成为影响 Pixel-tracking 方法监测结果的外部因素。在本章中,通过对影响 Pixel-tracking 方法监测精度的外部因素进行分析,结合时间序列 SAR 影像筛选出稳定点,利用最小二乘原理把地形起伏信息引入二次多项式拟合中,再从整体监测结果中去除拟合曲面,从而极大程度上削弱 Pixel-tracking 监测精度的外部因素影响。

4.1　影响 Pixel-tracking 方法监测精度的外部因素分析及减弱方法

影响 Pixel-tracking 方法监测精度的外部因素主要是在重复轨道 SAR 卫星两次对同一地物成像的过程中,复杂的地形起伏、卫星轨道的偏差、电离层及大气延迟、成像系统本身噪声等因素会对 SAR 影像造成一定程度的几何变形[86, 134-136]。而这些因素造成的几何变形很难做到精确量化。基于重复轨道 SAR 影像的成像几何在外部 DEM 数据辅助的情况下,可对这些影响因素进行分析。

4.1.1　外部 DEM 辅助对重复轨道 SAR 影像配准精度的影响分析

SAR 影像像元位置通常采用方位向坐标和距离向坐标来表示,其形式为 (l, p),对应于地面目标点 $P(x, y, z)$,二者之间的对应关系可以采用雷达成像多普勒方程、斜距方程及参考椭球方程来描述:

$$\begin{cases} V_{\mathrm{S}} \cdot (S - P) = 0 \\ \| S - P \| = c \times \tau \\ \dfrac{x^2 + y^2}{(R_{\mathrm{e}} + h)^2} + \dfrac{z^2}{R_{\mathrm{P}}^2} = 1 \end{cases} \tag{4-1}$$

式中,S 为成像时刻雷达传感器的位置信息;V_S 为对应时刻传感器运动速度矢量;c 为光在真空中的传播速度;τ 为单程距离向时间;R_e 表示地球赤道半径;h 表示地面高程信息;$R_P = (1-f)(R_e + h)$,其中 f 为地球扁率。利用式(4-1)中的三个方程,可以解算出地面目标点 $P(x,y,z)$ 在雷达图像几何坐标系下沿像元方位向和距离向的成像时间。一般而言,SAR 影像像元距离向和方位向的成像时间与像元坐标的关系可用式(4-2)来表达:

$$\begin{cases} t_l = t_0 + \dfrac{l}{PRF} \\ \tau_p = \tau_0 + \dfrac{p}{2RSR} \end{cases} \tag{4-2}$$

式中,t_0 为雷达方位向初始成像时间;τ_0 为雷达信号距离向初始单程传播时间;PRF 表示雷达脉冲重复频率;RSR 表示雷达距离向采样频率。依据式(4-1)在解算出 SAR 影像像元的距离向、方位向成像时间后,再依据式(4-2)便可计算出对应在 SAR 图像中的像元的位置。

在已知外部 DEM 的情况下,可依据式(4-1)中的雷达成像多普勒方程、斜距方程及参考椭球方程及式(4-2)精确求出地面目标在主、副影像中的像元位置。图 4-1 所示为重复轨道雷达成像示意图。

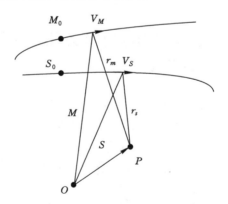

图 4-1　重复轨道雷达成像示意图

如图 4-1 所示,O 代表坐标系原点,P 代表地面目标点,M 和 S 代表卫星的位置矢量,M_0 和 S_0 是初始成像时卫星的位置矢量,V_M 和 V_s 表示主、副影像成像时卫星的单位速度矢量,r_m 和 r_s 表示主、副影像成像时地面目标指向卫星的矢量。利用卫星飞行轨道与时间的关系,地面目标点 $P(x,y,z)$ 对应于主、副影像的配准位移矢量可表示为 $(\Delta l, \Delta p)$,其形式如下:

$$\begin{cases} \Delta l = \dfrac{PRF}{V}[V_S \cdot (P - S_0) - V_M \cdot (P - M_0)] \\[3mm] \Delta p = \dfrac{2RSR}{c} \parallel S_0 + V_S \cdot (P - S_0)V_S - P \parallel - \\[3mm] \qquad \dfrac{2RSR}{c} \parallel M_0 + V_M \cdot (P - M_0)V_M - P \parallel \end{cases} \quad (4\text{-}3)$$

利用式(4-3)可以得到外部 DEM 的高程精度对两幅 SAR 影像配准精度的影响。假设轨道面与水平面间的夹角为 β，两轨道之间的交角为 α，副影像中地面目标点 $P(x, y, z)$ 的雷达入射角为 θ，由式(4-3)可推导得：

$$\delta(\Delta l) = \frac{PRF}{V}(V_S - V_M) \cdot \Delta p = \frac{PRF}{V}\Delta h \sin \alpha \sin \beta \quad (4\text{-}4)$$

$$\begin{aligned} \delta(\Delta p) &= \frac{2RSR}{c}(r_s - r_m) \cdot \Delta p \\[2mm] &= \frac{2RSR}{c}[\cos \theta - \cos(\theta - \mathrm{d}\theta)]\Delta h \\[2mm] &= \frac{2RSR}{c}\frac{B_\perp}{r}\Delta h \sin \theta \end{aligned} \quad (4\text{-}5)$$

由式(4-4)及式(4-5)可知，主、副影像配准位移矢量的变化与地面高程变化成正比，这表明如果仅利用变换多项式的方法来配准影像，则忽略了地面高程的变化。式(4-4)表明，如果主、副影像轨道交角为 0 或者轨道面与水平面平行，那么地形影响将不会造成方位向配准位移，通常，轨道交角或者轨道面与水平面夹角都比较小，因此可认为地形因素对方位向配准偏差影像较小，通常可忽略。

式(4-5)表明，主、副影像配准位移矢量的变化与雷达波的传播速度、卫星传感器至地表的距离、垂直基线的长度及地形误差有关。通常，雷达波的传播速度受电离层延迟及大气延迟的影响，垂直基线的长度与卫星的轨道数据高度相关，当卫星位置定位出现偏差时，会引起垂直基线估计的不准确，从而影响配准精度[137]。而电离层延迟和大气延迟通常很难做到精确量化，但对于小区域的 SAR 影像，可以认为在两次成像过程中，主、副影像的延迟差是一个常量，可以采用一定的方法予以削弱。

2006 年，意大利国家研究委员会环境电磁感应研究所的 Sansosti 等人对式(4-5)进行了优化，得出 SAR 影像配准距离向偏移矢量与垂直基线、地形因素及距离向像元尺寸的关系[136]：

$$\delta(\Delta p) \approx -\frac{B_\perp}{\rho \sin \theta}\frac{\Delta h}{R_m^{rg}} \quad (4\text{-}6)$$

式中，ρ 代表卫星传感器至地面目标点的距离；R_m^{rg} 代表主影像距离向像元尺寸；

Δh 代表地形误差;$B_\perp$ 代表垂直基线;θ 代表卫星在地面目标点的入射角。根据该公式,可以计算出垂直基线长度和地形误差与配准偏移量之间的关系。图 4-2 以聚束模式 TerraSAR-X 高分辨率影像为例,说明垂直基线和地形误差造成的配准偏移,聚束模式影像参数见表 4-1。

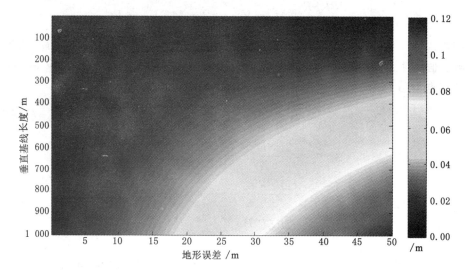

图 4-2　TerraSAR-X 垂直基线长度与地形误差导致配准误差图

表 4-1　　　　　　　　　　　TerraSAR-X 聚束模式参数表

成像模式	波段	波长	像元尺寸	入射角	航向角	重访周期
spotlight	X	3.2cm	0.91×0.86	42.44°	189.53°	11 d

由图 4-2 可知,对于聚束模式 TerraSAR-X 影像,垂直基线越长、外部 DEM 产品地形精度越差,对应的两景 SAR 影像配准精度就会越差。通常采用的外部 90 m 分辨率的 DEM 产品是美国奋进号航天飞机雷达地形测绘计划于 2000 年获取的覆盖全球 80％ 陆地的三维雷达数据生成的。詹雷等人的研究表明,SRTM-DEM 产品在陕西省的高程精度为 3.5～60.7 m[138],在高海拔的黄土沟壑区,由于地形复杂,SRTM-DEM 产品在该区域的高程精度更差,因此在此区域,需考虑地形因素对 Pixel-tracking 方法监测结果的影响。

虽然采用 Pixel-tracking 方法在进行形变监测时,未考虑外部 DEM 产品精度对配准的影响,但在地形复杂区域,在垂直基线较长的情况下,要考虑地形因素造成的像元配准偏差。

4.1.2　外部因素削弱方法

影响 Pixel-tracking 方法监测精度的外部因素主要是复杂地形造成的 SAR 影像成像过程中的几何变形,大气及电离层延迟,卫星轨道误差及成像系统自身噪声等因素。在不考虑 Pixel-tracking 算法自身数据处理参数等因素影响的情况下,可以认为监测结果如下:

$$O_{total} = O_{dis} + O_{top} + O_{orb} + O_{att} + O_{ion} + O_{ato} + O_{noi} + O_{res} \qquad (4\text{-}7)$$

式中,O_{total} 代表 Pixel-tracking 方法监测得到的整个像元的偏移量;O_{dis} 表示由于地表形变引起的偏移;O_{top} 表示由于复杂的地形起伏而引起的偏移;O_{orb} 表示由于轨道的不精确而引起的偏移;O_{att} 表示卫星姿态引起的偏移;O_{ion} 表示电离层延迟引起的偏移;O_{ato} 表示大气延迟引起的偏移;O_{noi} 表示成像系统的热噪声引起的偏移;O_{res} 表示剩余其他因素引起的偏移。

通常情况下,复杂的地形起伏引起的偏移量可以通过跟地形起伏有关的二次多项式拟合予以削弱,轨道误差通常在整景影像中表现出明显的规律性,也可以采用二次曲面拟合的方法予以削弱;电离层和大气延迟导致的偏移具有较强的不确定性,但在地表覆盖面积较小的 SAR 影像区域内可以认为这两个误差源导致的偏移量是一个常量,属于系统误差;卫星姿态和成像系统热噪声导致的误差一般认为是系统误差,而其他因素导致的偏移量通常较小可以忽略不计[139]。

利用 Pixel-tracking 方法针对矿区单一工作面的大量级地表形变监测,通常 SAR 影像会裁剪至适当的大小,在裁剪后的影像中,可以首先采用二次多项式拟合的方法极大程度上削弱轨道误差、电离层及大气延迟误差,其拟合公式如下:

$$O_{err} = a_0 + a_1 x + a_2 y + a_3 xy + a_4 x^2 + a_5 y^2 \qquad (4\text{-}8)$$

式中,O_{err} 代表拟合出的误差值;$a_0, a_1, a_2, \cdots, a_5$ 代表二次多项式系数,其值可以基于稳定点的最小二乘原理求出,详细方法在本章第二节进行介绍;x, y 代表像元的位置,即行列号。在对 Pixel-tracking 方法的监测结果进行二次多项式拟合,并从监测结果中减去拟合值之后,对于稳定点而言,还会有残余误差存在,此时,可以认为这种残余误差主要是由于地形起伏而导致的像元配准偏差,可以引入外部 DEM 数据,采用二次多项式拟合的方法予以削弱:

$$O_{res}^{err} = b_0 + b_1 (H - \bar{H}) + b_2 (H - \bar{H})^2 \qquad (4\text{-}9)$$

式中,O_{res}^{err} 代表基于地形起伏拟合出的地形残差;b_0, b_1, b_2 代表拟合多项式系数;H 代表对应像元的高程;$\bar{H}$ 代表研究区域平均高程;$(H - \bar{H})$ 代表了研究区域内地表的起伏情况,其值越大代表地形起伏越严重。

通过基于地形起伏信息的二次多项式拟合,从剔除式(4-8)拟合误差的监测值中减去式(4-9)拟合得到的地形起伏相关的误差,便可获得更加精确的监测结果。关于稳定点的选取及详细拟合方法,在本章第二节进行介绍。

4.2 基于地形信息改正的 Pixel-tracking 方法

在地形复杂地区垂直基线较长的情况下,地形因素导致的像元配准偏移需要进行削弱以提高监测精度。在本节中,提出一种基于稳定点地形起伏信息的二次多项式拟合方法,从已去除轨道误差以及大气和电离层延迟误差的监测结果中减去地形起伏相关的误差,从而提高 Pixel-tracking 方法的监测精度。

4.2.1 稳定点的选取

稳定点是指在 Pixel-tracking 方法监测矿区形变过程中,不受因煤炭开采引起的地表形变的影响,其强度信息在两景 SAR 影像中保持稳定的点。之所以要求稳定点的强度信息保持稳定,是因为 SAR 影像自身存在较大斑点噪声和其他噪声,而 Pixel-tracking 方法是基于 SAR 影像的强度信息计算互相关系数,在较小互相关计算窗口的情况下,大量的噪声会造成 Pixel-tracking 方法监测结果的错误。而不受煤炭开采引起的地表形变影响主要是保证 Pixel-tracking 方法在稳定点处得到的监测值,其误差主要来自于卫星轨道不精确、地形起伏及大气延迟等外部因素引起的配准误差,以便于采用拟合的方法削弱。

受时间序列 SAR 影像中永久散射体点(PS 点)选择思路的启发,在 Pixel-tracking 方法稳定点的选择过程中,利用时间序列的 SAR 影像采用平均强度阈值和标准差阈值结合的方法对稳定点进行初选[8]。理想状态的稳定点分布如图 4-3 所示。

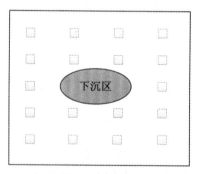

图 4-3 理想状态稳定点分布图

既要保证稳定点尽可能均匀地分布于 SAR 影像覆盖范围内[140],又要保证选出的稳定点不能受到煤炭资源开采引起地表形变的影响。在已知开采参数的情况下,可以采用概率积分法对监测工作面进行预计,获取地表下沉盆地的影响范围;也可以采用 D-InSAR 的方法对下沉盆地边缘形变进行提取,从而获取下沉盆地的影响范围,进而从初选的稳定点中剔除位于下沉盆地内的点。

为保证稳定点在 SAR 影像中的分布尽量均匀,采用大小为 40×40 的窗口,分别按照距离向和方位向 40 个像元的步长进行各个窗口内的初选稳定点的筛选,其原则是保证窗口内只有一个稳定点,针对窗口内出现多个初选稳定点的情况,对多个稳定点的强度标准差进行比较,保留标准差最小的稳定点。

4.2.2 基于最小二乘的多项式拟合

在完成稳定点的选取之后,基于稳定点的 Pixel-tracking 方法监测结果及稳定点的位置信息(行、列号),采用最小二乘的方法对多项式拟合系数进行最小二乘求解。通常采用二次多项式进行拟合,其形式如下:

$$O_{\text{err}} = a_0 + a_1 x + a_2 y + a_3 xy + a_4 x^2 + a_5 y^2 \qquad (4-10)$$

式中,a_0 表示常量,通常代表固定误差。

当通过最小二乘原理计算出式(4-10)的拟合系数后,从监测结果中减掉各个像元的拟合值,此时在稳定点位置会得到一个残差:

$$O_{\text{res}}^{\text{err}} = O_1^{\text{err}} - O_2^{\text{err}} \qquad (4-11)$$

式中,O_1^{err} 表示稳定点的观测值,通常由各种误差组成;O_2^{err} 表示采用式(4-10)得到的拟合值。

由于在进行拟合时,稳定点是均匀分布的,并未考虑地形因素,所以在残差值 $O_{\text{res}}^{\text{err}}$ 里面,主要包含地形因素引起的像元偏移误差。此时,可考虑采用基于地形起伏信息的二次多项式拟合来很大程度上削弱地形的影响。其拟合公式为:

$$O_{\text{res}}^{\text{err}} = b_0 + b_1 (H - \bar{H}) + b_2 (H - \bar{H})^2 \qquad (4-12)$$

式中,b_0,b_1,b_2 代表拟合多项式系数;H 代表对应像元的高程;$\bar{H}$ 代表研究区域平均高程;$(H - \bar{H})$ 代表了研究区域内地表的起伏情况。

高程信息的获取通过 SRTM 30 m 分辨率 DEM 产品得到,在进行多项式拟合之前,要把 DEM 产品进行内插,并将地理坐标转换到所用 SAR 影像的雷达几何坐标下,这样才能保证稳定点的高程信息的准确性。对基于稳定点的残余误差进行最小二乘二次多项式拟合后,可以得到二次多项式拟合系数,从去除轨道误差及大气延迟误差等因素影响的观测结果中减去基于地形起伏信息的误差,便可获得较高精度的监测结果。

虽然基于稳定点进行二次多项式拟合,并根据拟合系数从观测结果中两次减去误差趋势面的方法能够一定程度上减少各种外部因素引起的误差,但该方法没有严密的数学模型和理论推导,并不能完全消除各种误差的影响,其效果往往决定于稳定点的分布状态及多项式拟合精度。

4.2.3 数据处理流程

基于地形信息进行外部影响因素改正的 Pixel-tracking 方法的数据处理大致可以分为三个阶段:(1) 稳定点的选取;(2) Pixel-tracking 处理;(3) 基于稳定点信息进行两次多项式曲面拟合,从观测结果中去除两个拟合曲面。其详细处理流程如图 4-4 所示。

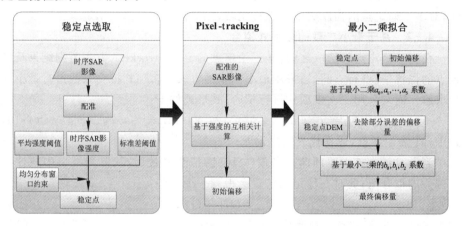

图 4-4　基于地形信息改正的 Pixel-tracking 方法数据处理流程

4.3　顾及地形因素的 Pixel-tracking 方法矿区监测实验

陕西省榆林市神木县大柳塔矿区是我国煤炭的主产区之一,该区域具有典型的黄土沟壑地貌特征,地形复杂,地表起伏剧烈。在本实验中,采用聚束模式 1 m 分辨率 0.91 m×0.86 m 像元尺寸的 TerraSAR-X 影像对 52304 工作面进行 Pixel-tracking 方法监测,并采用两次多项式拟合的方法去除误差趋势面,根据地表移动观测站实测 GPS 数据,对顾及地形改正的 Pixel-tracking 方法的监测精度进行评价。

4.3.1 研究区域及数据介绍

本研究区域与第 3 章中的研究区域是同一个区域,均是大柳塔矿区 52304 煤矿开采工作面,因此,关于研究区域概况及工作面概况在此不再重复介绍,重点针对本次实验采用的 SAR 影像数据进行介绍。在本次实验中,采用德国 TerraSAR-X 雷达卫星聚束模式 1 m 超高分辨率的 SAR 影像,卫星重访周期为 11 d,从 2012 年 12 月 13 日至 2013 年 3 月 22 日共计获取到 9 景 SAR 影像,以大柳塔矿区 52304 工作面为中心按照 1 600 像元×1 600 像元的尺寸进行裁切处理。图 4-5 所示为研究区域地形起伏情况及地表移动观测站的位置。

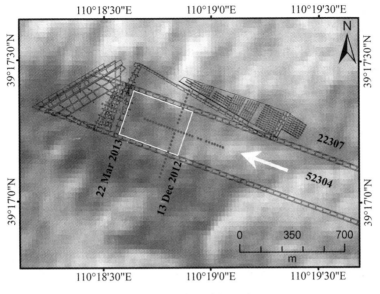

图 4-5 研究区域概况图

如图 4-5 所示,白色箭头代表工作面的开采方向,沿工作面走向和倾向方向的灰色点代表地表移动观测站的位置,由于 2013 年 3 月 22 日进行 GPS-RTK 测量时,部分地表移动观测站点数据丢失,因此未在图中标示出丢失观测值站点的位置,在对监测结果进行精度评价时,以图中灰色圆点代表的观测站数据为真值。表 4-2 为研究区域采用 SAR 影像信息表。

表 4-2　　　　　　　　　　研究区域 SAR 影像信息表

传感器	成像模式	时间跨度	像元尺寸	航向角	重访周期	影像数量
TerraSAR-X	spotlight	2012.12.13 ~2013.03.22	0.91×0.86	189.53°	11 d	9 景

4.3.2　稳定点选取结果

采用平均强度阈值和标准差阈值双阈值约束的方法对 9 景时间序列 Terra-SAR-X 影像进行初步选点处理,如图 4-6(a)所示,白色的点代表初选的稳定点,共有 3 100 个点被选出。为保证选出的点尽可能均匀分布于整个 SAR 影像,采用 40×40 像元窗口以 40 个像元为步长沿距离向和方位向分别对位于窗口内的多个初选点进行标准差比较,在每个窗口内只保留标准差最小的一个点,其结果如图 4-6(b)所示,共有 1 169 个点被保留。为确定下沉盆地的影响范围,采用

2012 年 12 月 13 日影像和 2013 年 3 月 22 日 SAR 影像进行差分干涉处理,并根据相位解缠图确定下沉盆地的影响范围,如图 4-7(a)所示。在确定了受下沉盆地影响的区域后,对处于下沉盆地影响区域内的初选稳定点进行剔除,此时共有867 点被保留,如图 4-7(b)所示,用来进行多项式系数的最小二乘拟合。

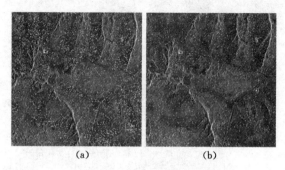

图 4-6　初步选点图

(a)初步选点位置图;(b)均匀分布点位图

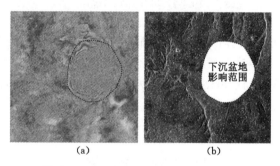

图 4-7　下沉盆地范围及稳定点分布图

(a)解缠相位确立下沉盆地范围图;(b)稳定点分布图

4.3.3　基于地形改正的 Pixel-tracking 监测结果及分析

在完成稳定点的选取之后,采用 Pixel-tracking 方法对覆盖研究区域成像日期为 2012 年 12 月 13 日和 2013 年 3 月 22 日的两景聚束模式高分辨率 Terra-SAR-X 影像进行处理。为节省运算时间,其处理参数采用 96 的固定互相关计算窗口、8 倍互相关系数内插因子进行处理。在获取到初步监测结果后,基于稳定点的形变信息,采用两次最小二乘多项式拟合的方法削弱外部影响因素误差,最终获取到的监测结果如图 4-8 所示,图中表示的下沉量是沿卫星视线方向的下沉量。

为验证地形改正的 Pixel-tracking 方法监测 52304 工作面地表形变的精度,

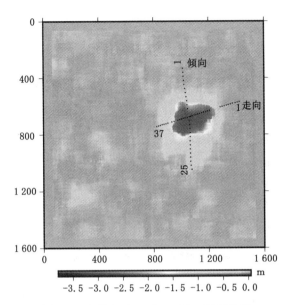

图 4-8 地形改正 Pixel-tracking 监测结果

以图 4-8 所示地表移动观测站点的 GPS 监测值作为真值。为保证验证结果的统一性,必须将地表移动观测站的 GPS 三维形变监测结果转化为沿卫星视线方向的形变,其转化公式如下:

$$D_{los} = \cos \theta \cdot D_v - \sin \theta \cdot \cos \beta \cdot D_e + \sin \theta \cdot \sin \beta \cdot D_n \quad (4\text{-}13)$$

式中,D_{los} 代表卫星视线向形变;D_v 代表 GPS 监测的竖直下沉;D_e 代表 GPS 监测的东西方向形变;D_n 代表 GPS 监测的南北方向形变;θ 代表雷达入射角;β 代表卫星的航向角。

在完成地表移动观测站的三维形变转化为卫星视线方向形变之后,依据各观测点的真值分别对走向方向和倾向方向基于地形改正 Pixel-tracking 方法的监测精度进行评价,并沿工作面走向方向各地表移动观测站点和倾向方向各地表移动观测站点分别绘制剖线图,如图 4-9 所示。

在走向方向采用 37 个地表移动观测站点进行精度评定,其平均绝对偏差为 0.185 m,均方根误差为 0.143 m;倾向方向采用 25 个地表移动观测站点进行评定,其平均绝对偏差为 0.155 m,均方根误差为 0.108 m。对比未经过地形改正的常规 Pixel-tracking 方法,采用地形改正的方法在走向方向监测精度提高了 0.003 m,倾向方向监测精度提高了 0.004 m。图 4-9 中最上面的曲线表示各观测站点的地形改正的量级。从量级来看,经过地形改正的 Pixel-tracking 方法并没有很大程度上提高监测精度,这主要是由于两景 SAR 影像垂直基线较短(47 m),

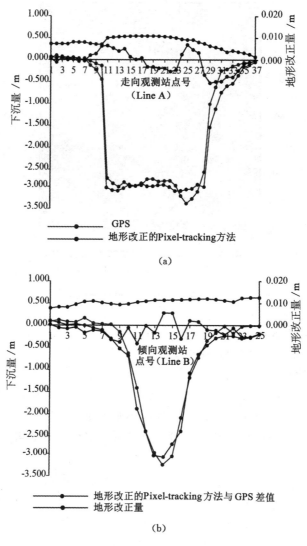

图 4-9　地表移动观测站点剖线图

（a）走向剖线图；（b）倾向剖线图

并且在工作面上方的地形起伏平均只有 35 m 偏差，这会导致因地形引起的配准误差本身较小。

由图 4-10 可知，基于地形起伏信息的二次多项式拟合方法获得的地形改正量曲面图与地形起伏具有很高的相关性，在地形起伏剧烈的区域地形改正量也较大，这与实际情况是相符的。在卫星两次对地形起伏剧烈的区域同一地物成像的过程中,由于地形起伏及垂直基线的共同作用,会造成像元几何变形,从而导致两景影像在配准的时候产生偏差,这种偏差会传到 Pixel-tracking 方法的监测结果中。借助于外部 DEM 数据基于稳定点进行二次多项式拟合的方法,在理论上确实能够削弱地形起伏造成的 SAR 影像配准误差,从而提高 Pixel-tracking 方法的监测精度。对于 SAR 影像垂直基线较长、地形起伏高差大的区域进行 Pixel-tracking 形变监测时,更应考虑地形因素的影响。

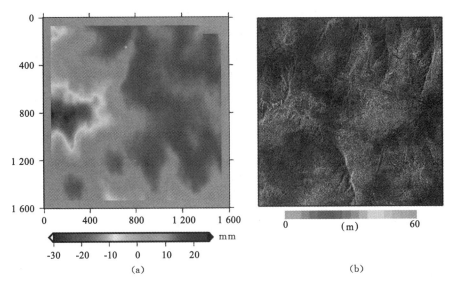

图 4-10　地形改正量及地形起伏
(a) 基于二次拟合的地形改正量;(b) 地形起伏

4.4　本 章 小 结

(1) 对影响 Pixel-tracking 方法监测精度的外部因素进行分析,重点针对地形起伏剧烈地区外部 DEM 精度对配准造成的偏差进行分析,并提出从监测结果中削弱地形起伏信息的多项式拟合方法。

(2) 对基于地形信息进行外部影响因素削弱的 Pixel-tracking 方法进行介绍,提出采用时间序列 SAR 影像结合平均强度阈值和标准差阈值进行双阈值约束的稳定点选取策略。

(3) 针对大柳塔矿区 52304 工作面进行实验验证,并对基于地形改正的 Pixel-tracking 方法的监测精度进行了评定。

5 多平台时序 SAR 联合监测 矿区大梯度三维形变研究

　　基于相位解缠的时间序列 InSAR 处理方法只能得到沿卫星视线方向的形变,Pixel-tracking 法可获取到沿卫星视线方向和飞行方向的二维形变,但矿区因煤炭资源开采而引起的地表形变不仅包含竖直方向的下沉,还有水平方向的二维形变,是一个随开采过程变化的三维形变过程[141-142]。通过单一平台的 SAR 影像,很难获取到地表形变的三维过程,因此,在本章中基于多平台时间序列 SAR 影像,采用 Pixel-tracking 方法进行小基线集处理,获取基于时间序列的 Pixel-tracking 方法的最优解,结合不同平台 SAR 影像监测三维分解模型进行联合解算,最终获取整个研究区域受煤炭开采影响的地表三维形变。三维形变的获取对于更好地研究矿区因煤炭开采引起地表形变的过程和机理有很大帮助,对于地表形变引起的灾害的预防和管理具有重大意义[27]。

5.1 时间序列小基线集 Pixel-tracking 方法 监测矿区形变

　　基于相位信息的小基线集差分干涉测量技术,通过空间基线和时间基线的组合可克服空间失相关现象,提高了监测结果的精度并对大气效应和地形误差进行估算,已广泛应用于下沉速率缓慢且近似符合线性下沉的地表形变监测中。矿区受煤层开采引起的地表形变,在下沉活跃期,通常会出现严重的地表下沉,并且该下沉速率并不符合线性下沉模型,因此,采用基于相位解算的时序小基线集差分干涉测量技术难以获得活跃期矿区地表沉降的精确监测结果[143]。基于相关系数正则化的 Pixel-tracking 方法利用 SAR 影像的强度信息可以监测矿区大梯度的地表形变。受基于相位信息的时序小基线集方法思想的启发,按照一定的时空基线约束条件下构建基线组合,再采用 Pixel-tracking 方法解算地表形变,最终获得稳定的解算结果。

5.1.1 时序小基线集 Pixel-tracking 方法原理

　　基于相位解缠思想的小基线集差分干涉测量技术是由意大利学者 Berardino 等人提出的,该方法利用时间和空间基线的约束进行干涉对的组合,采用多主影像的策略使在一定的监测时段内,尽可能多的差分干涉图参与到形变序列的解算中,获取到更稳定的结果[111]。Berardino 等人提出的短基线集差分干涉测量方法模型通常表示为:

$$Bv = \delta\varphi \qquad (5\text{-}1)$$

式中,B 表示由不同基线组合构成的系数矩阵;v 表示在对应观测时段内的平均形变速率;$\delta\varphi$ 表示观测量矩阵。通常由于时间基线和空间基线的约束,系数矩阵 B 是秩亏的,采用奇异值矩阵分解的方法可以得到平均形变速率 v 的最优值。该方法针对地表缓慢沉降具有很好的观测效果,主要是因为:(1) 缓慢的地表形变在两景 SAR 影像成像时下沉量较小,通常不会超过 D-InSAR 技术可顺利进行相位解缠的临界梯度阈值,采用差分干涉处理能够获得较高精度的监测结果;(2) 缓慢的地表形变近似符合线性形变模型,采用时序小基线集差分干涉测量技术能够获取到可靠的形变速率。

煤炭开采引起的地表形变通常会随着工作面的推进表现出非线性下沉的特性,当开采工作面推进至停采线,完成该工作面开采时,地表形成完整的下沉盆地。由于地质采矿条件不同,通常会表现出明显的滞后性。其基本形成过程如图 5-1 所示。

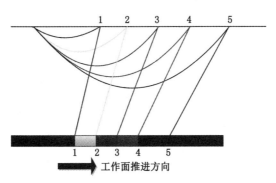

图 5-1 地表下沉盆地形成过程

当开采工作面向前推进距离达到启动距时,地表下沉开始出现,随着工作面的继续推进,地表的沉陷范围进一步扩大,下沉量级不断增加,下沉盆地也逐渐增大。当达到充分采动条件时,地表最大下沉值达到该地质采矿条件下的最大值,随着工作面的继续推进,地表最大下沉值将不再增加而形成下沉盆地平底(达到最大下沉值区域),下沉盆地的范围进一步扩大。当工作面开采至停采线时,地表下沉不会马上停止,表现出滞后性,通常要延续一段时间才能稳定,此时下沉盆地会继续向工作面开采方向缓慢扩展。由煤炭开采导致的地表下沉盆形成过程可知,地表下沉的过程是一个非线性下沉的过程,其下沉速率是一个"零—小—大—小—零"的过程。因此,采用小基线集差分干涉测量方法求解平均速率难以获得开采过程中造成的地表形变,必然导致监测结果不可靠。

采用序列小基线集 Pixel-tracking 方法监测矿区形变时,需对数学模型进行修改,用不同时段的地表下沉形变量来代替平均形变速率,其公式如下:

$$BD = P_{\text{Pixel-tracking}} \qquad (5\text{-}2)$$

式中,B 依然表示有不同基线组合构成的系数矩阵;D 表示在对应观测时段内的形变量;$P_{\text{Pixel-tracking}}$ 表示对应时段 Pixel-tracking 方法的观测值矩阵。系数矩阵 B 的形式取决于时空基线组合,由于时、空基线阈值的约束,系数矩阵 B 的秩通常表现出秩亏,此时可借助于奇异值矩阵分解得到最优结果。若系数矩阵 B 不秩亏,则采用最小二乘方法即可得到观测形变量的最小二乘解:

$$D = (B^{\mathrm{T}}B)^{-1}B^{\mathrm{T}}P_{\text{Pixel-tracking}} \qquad (5\text{-}3)$$

基于 Pixel-tracking 方法监测矿区形变时不受形变梯度的困扰,对两景影像的相干性要求也没有 D-InSAR 技术要求高,因此在采用时间序列小基线集 Pixel-tracking 方法监测矿区形变时,时间基线和空间基线的约束条件没有基于相位信息的小基线集方法要求苛刻,在时间跨度较短的条件下,甚至可以不考虑时间基线约束。Pixel-tracking 方法的监测精度与空间垂直基线的长短及地形起伏有一定的关系,在地形起伏较小的区域,可以扩大空间垂直基线的约束值,增加更多的观测量来获取更稳定的监测结果。

5.1.2 时序小基线集 Pixel-tracking 方法数据处理流程

时间序列小基线集 Pixel-tracking 方法适合监测矿区大梯度的形变,其数据处理流程与基于相位解缠的小基线集差分干涉测量技术有很大不同,如图 5-2 所示。

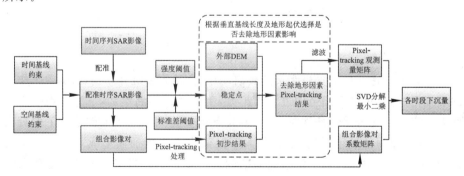

图 5-2　时序 Pixel-tracking 数据处理流程图

图 5-2 中虚线框内的处理步骤可根据所选影像对垂直基线的长度及研究区域地形复杂程度选择性处理。当垂直基线较短、研究区地形起伏小时,为了节省处理时间,可不进行地形因素误差去除操作;当研究区域地形复杂并且依据基线组合阈值选出的影像对又具有较长的垂直基线时,为获得精度较高的监测结果,应进行地形误差去除操作。对于根据基线组合影像对得到的 Pixel-tracking 监测值在进行奇异值矩阵分解或最小二乘求解之前,应当进行时间序列监测结果滤波处理。滤波的目的是去除时间序列中监测结果的空值点或误匹配点,保证观测值的准确性。

5.2　多平台 SAR 影像 Pixel-tracking 方法监测矿区三维形变

矿区开采工作面三维形变的获取,对于理解地表下沉过程及灾害防治具有重要意义。Pixel-tracking 方法只能获取卫星视线向和方位向的地表形变信息,而矿区地表形变是空间上的三维形变,采用多个平台不同入射方向的 Pixel-tracking 方法监测结果,通过联合解算可以分解出空间上三维形变量。

5.2.1　三维形变分解模型

基于差分干涉测量的 InSAR 技术及 Pixel-tracking 技术获取的形变是沿卫星视线方向的形变,是地表真实形变在卫星视线方向的投影。矿区因煤炭开采引起的地表形变,不仅包括竖直方向的下沉,还有水平方向的移动。在假设矿区形变只有竖直沉降时,可用式(5-4)来近似计算出竖直沉降,但这种计算方式严格意义来讲是不符合矿区形变实际的。

$$D = \frac{D_{\text{los}}}{\cos \theta} \tag{5-4}$$

式中,D 表示竖直形变;D_{los} 表示沿卫星视线向的形变;θ 代表对应像元的入射角。

为研究矿区地表形变在卫星视线方向的投影关系,建立卫星成像与地表形变的空间三维投影模型,如图 5-3 所示。D_{los} 表示地面目标点 P 的形变在卫星视线方向的投影;V, E, N 分别表示空间三维坐标系的竖直方向、东西方向和南北方向;D_V, D_E, D_N 分别表示竖直方向形变、东西方向形变和南北方向形变;θ 表示目标点处的雷达波入射角;β 表示航向角,是指由北方向开始顺时针指向卫星飞行方向的夹角;D_{sl} 表示地面目标点沿卫星视线方向的形变在水平地面上的投影;$D_{N,\text{sl}}$ 和 $D_{E,\text{sl}}$ 分别表示目标点处北方向的形变沿 D_{sl} 方向的投影及地面目标点处东方向的形变沿 D_{sl} 方向的投影,其二者的矢量和为 D_{sl};$D_{\text{sl,los}}$ 和 $D_{V,\text{los}}$ 分别表示目标点水平形变沿卫星视线方向的投影和竖直形变沿卫星视线方向的投影,其二者的矢量和为 D_{los},即 Pixel-tracking 方法或 InSAR 方法的形变测量值。

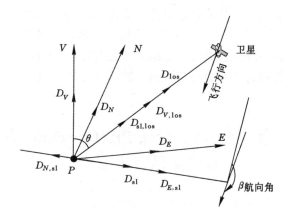

图 5-3　沿卫星视线向形变三维空间分解模型

由图 5-3 可知,地面目标点沿雷达视线向形变 D_{los}可表示为:

$$D_{los} = D_V \cdot \cos\theta - D_E \cdot \cos\beta \cdot \sin\theta + D_N \cdot \sin\beta \cdot \sin\theta \qquad (5\text{-}5)$$

5.2.2　多平台 SAR 影像联合解算三维形变

由式(5-5)可知,若要想解算出地面目标点的三维形变,至少需要三个或三个以上不同方向入射角度对同一地面目标点的形变观测量[144-145]。目前在轨运行的雷达卫星均采用极轨方式飞行,地球在不停地进行自转,使同一雷达卫星在较短的时间间隔内采用升轨飞行模式和降轨飞行模式对地面同一目标成像成为现实,实现了同一目标在不同入射方向的观测。同时,得益于空间对地观测技术的快速发展,越来越多的不同类型星载 SAR 传感器的陆续发射升空,使不同入射角、不同波长、不同像元尺寸的空间多维度雷达传感器对同一地物成像成为现实,为地面目标三维形变的监测提供了有力保障。

假设 $n(n\geqslant3)$ 个不同入射角的 SAR 影像同时对地面目标点 P 在各自的入射方向上成像,D_V,D_E,D_N 分别表示地面目标点 P 的竖直方向形变、东西方向形变和南北方向形变,由卫星视线向形变空间三维分解模型可知:

$$\boldsymbol{D}_{los}^{P} = \boldsymbol{A}^{P}\boldsymbol{D}_{V,E,N}^{P} \qquad (5\text{-}6)$$

式中,$\boldsymbol{D}_{los}^{P}$代表地面目标点 P 在不同入射方向的形变矩阵;$\boldsymbol{A}^{P}$ 代表系数矩阵;$\boldsymbol{D}_{V,E,N}^{P}$ 代表地面目标点的三维形变矩阵。

$$\boldsymbol{D}_{\text{los}}^{P} = \begin{bmatrix} D_{\text{los},1}^{P} \\ D_{\text{los},2}^{P} \\ \vdots \\ D_{\text{los},n}^{P} \end{bmatrix}, \boldsymbol{D}_{V,E,N}^{P} = \begin{bmatrix} D_{V}^{P} \\ D_{E}^{P} \\ D_{N}^{P} \end{bmatrix} \tag{5-7}$$

$$\boldsymbol{A}^{P} = \begin{bmatrix} \cos\theta_1^P & -\sin\theta_1^P \cdot \cos\beta_1 & \sin\theta_1^P \cdot \sin\beta_1 \\ \cos\theta_2^P & -\sin\theta_2^P \cdot \cos\beta_2 & \sin\theta_2^P \cdot \sin\beta_2 \\ \vdots & \vdots & \vdots \\ \cos\theta_n^P & -\sin\theta_n^P \cdot \cos\beta_n & \sin\theta_n^P \cdot \sin\beta_n \end{bmatrix} \tag{5-8}$$

式中,θ_i^P 和 β_i 分别表示对应雷达波照射方向的入射角度和相应的卫星航向角。基于最小二乘原理,采用式(5-9)可以得到地面目标点 P 在竖直方向形变、东西方向形变和南北方向形变的最小二乘解。

$$\boldsymbol{D}_{V,E,N}^{P} = \left[(\boldsymbol{A}^{P})^{\text{T}} \cdot (\boldsymbol{A}^{P})\right]^{-1} \cdot (\boldsymbol{A}^{P})^{\text{T}} \cdot \boldsymbol{D}_{\text{los}}^{P} \tag{5-9}$$

互相关系数正则化的 Pixel-tracking 方法不仅能够获得沿卫星视线方向(距离向)的形变,还可以获得沿卫星飞行方向(方位向)的形变,采用单一平台的 SAR 影像基于 Pixel-tracking 方法便可获取到地表形变的二维形变场。依据现有的在轨 SAR 卫星数量,对于大部分地区而言很难保证在时间间隔很短的情况下有三个或者三个以上的 SAR 平台对同一地物成像。现有的 SAR 卫星都是极地轨道卫星,这就保证卫星飞行的方向基本上是在"南—北"方向,在只有两个 SAR 平台监测影像的情况下,可以采用 Pixel-tracking 方法获取沿卫星飞行方向的地表形变量,并根据卫星的航向角依据式(5-10)转化为南北方向的形变。

$$D_N^P = D_{\text{azi}}^P \cdot \cos\beta \tag{5-10}$$

式中,D_N^P 代表目标点 P 南北方向形变;D_{azi}^P 代表 Pixel-tracking 方法获取的目标点 P 方位向形变。

借助于 Pixel-tracking 方法获取到的二维形变场,只需要两个不同入射角度的 SAR 卫星同时对目标点成像就可以将地面目标点 P 的三维形变进行分解。此时的分解模型为:

$$\boldsymbol{D}_{\text{los}}^{P} = \boldsymbol{B}^{P} \boldsymbol{D}_{V,E}^{P} + \boldsymbol{D}^{P} \tag{5-11}$$

其中:

$$\boldsymbol{D}_{\text{los}}^{P} = \begin{bmatrix} D_{\text{los},1}^{P} \\ D_{\text{los},2}^{P} \end{bmatrix}, \boldsymbol{D}_{V,E}^{P} = \begin{bmatrix} D_{V}^{P} \\ D_{E}^{P} \end{bmatrix}, \boldsymbol{D}^{P} = \begin{bmatrix} D_{\text{azi}}^{P} \cdot \sin\theta \cdot \sin\beta \cdot \cos\beta \\ D_{\text{azi}}^{P} \cdot \sin\theta \cdot \sin\beta \cdot \cos\beta \end{bmatrix} \tag{5-12}$$

$$\boldsymbol{B}^{P} = \begin{bmatrix} \cos\theta_1^P & -\sin\theta_1^P \cdot \cos\beta_1 \\ \cos\theta_2^P & -\sin\theta_2^P \cdot \cos\beta_2 \end{bmatrix} \tag{5-13}$$

式中,$\boldsymbol{B}^P$ 表示系数矩阵;$\boldsymbol{D}^P$ 表示常量。此时只需要解算两个未知量,即可刚好列出了两个观测方程。此时可根据式(5-14)计算出两个未知量。

$$D_{V,E}^{P} = [(B^{P})^{T} \cdot (B^{P})]^{-1} \cdot (B^{P})^{T} \cdot [D_{los}^{P} - D^{P}] \qquad (5-14)$$

不同平台的 SAR 影像通常具有不一致的像元尺寸和分辨率,在利用多平台 SAR 影像 Pixel-tracking 方法的监测结果进行三维形变联合解算时,必须要把像元转换到同一尺度。目前有两种方法可以采用:(1) 统一把不同平台 SAR 影像 Pixel-tracking 方法监测结果编码至地理坐标系,依据内插方法按照相同的地理格网大小进行内插处理,使像元尺寸保持一致,然后进行三维形变分解,最终得到地理坐标下的三维形变;(2) 以像元尺寸最小的 SAR 影像作为基准,采用地理编码的方法把其他平台 SAR 影像监测结果编码至基准 SAR 影像像元尺寸,在基准 SAR 影像雷达坐标系下进行三维形变的分解,最终得到基准 SAR 影像雷达坐标系下的三维形变。本书采用第二种方法。

Pixel-tracking 方法的监测精度没有基于相位解缠技术的方法监测精度高,但 Pixel-tracking 方法能够监测矿区大量级、大梯度形变,这是在矿区相位解缠相关的 InSAR 技术无法实现的。对于一定地质采矿条件下高强度开采导致的剧烈地表形变,基于 Pixel-tracking 方法监测结果可以对矿区三维地表形变的过程进行恢复,这对于理解矿区地表下沉的过程具有重要意义。

5.3 实验及分析

针对本章提出的时间序列小基线集 Pixel-tracking 方法监测矿区形变和多平台 SAR 影像联合监测矿区三维形变的两个方法,对榆林市神木县大柳塔矿区 52304 开采工作面分别采用 12 景聚束模式时间序列 TerraSAR-X 影像和 5 景 stripmap 模式时间序列 Radarsat-2 影像进行形变恢复,并解算空间三维形变量。依据现场实测地表移动观测站 GPS-RTK 数据对监测结果进行评价分析。

5.3.1 研究区域及数据介绍

研究区域位于神木县大柳塔矿区 52304 开采工作面,52304 工作面全长 4 548 m,宽 301 m,采用全机械化长壁综采工艺从 2011 年 11 月开始开采。图 5-4 中的白色大方框代表实验监测区域,从 2012 年 11 月 10 日开始开采至 2013 年 3 月 25 日结束。由于 22307 工作面采用房柱式开采方法于 2005 年完成工作面的开采工作,与 52304 开采工作面开采时间间隔较长,因此,可以认为 22307 工作面开采导致的地表形变对 52304 工作面的影响很小,可以忽略不计。52304 工作面平均采深 235 m,平均采厚 6.94 m,煤层倾角 1°～3°,研究区域地表海拔 1 154～1 269 m。图 5-4 中,白色小框代表 Radarsat-2 影像的覆盖范围,黑色线框代表 TerraSAR-X 的覆盖范围,共采用 12 景聚束模式 TerraSAR-X 影像和 5 景

Radarsat-2 影像,其影像参数如表 5-1 所示。图 5-4 中,白色圆点(图中显示为灰色十字线)表示沿工作面走向和倾向方向布设的地表移动观测站,白色箭头表示工作面开采方向。其中沿工作面走向方向布设 45 个,每两个观测站之间间距 25 m;沿工作面倾向方向布设 27 个,每两观测站之间间距 20 m。从 2012 年 11 月 10 日至 2013 年 8 月 30 日共进行了 18 次地表移动观测站 GPS-RTK 测量工作。在本研究中,根据 TerraSAR-X 卫星和 Radarsat-2 卫星对该研究区域成像的时间,分别采用与卫星过境日期接近时段的地表移动观测站 GPS-RTK 测量结果作为真值,对时间序列 Pixel-tracking 方法和三维形变解算结果进行精度评价。

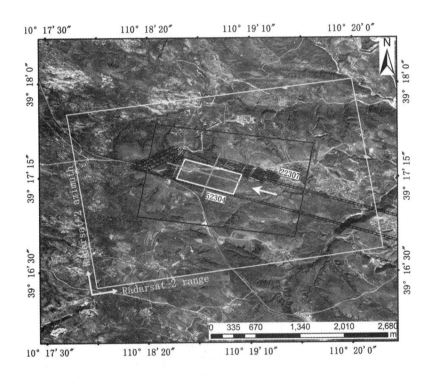

图 5-4　研究区域位置图

表 5-1 　　　　　　　　　　SAR 影像数据表

卫星	成像模式	像元尺寸	起止时间	重访周期	影像数量
TerraSAR-X	spotlight	0.91×0.86	20121110~20130402	11	12
Radarsat-2	stripmap	2.66×2.90	20121127~20130327	24	5

5.3.2 时序小基线集 Pixel-tracking 方法监测结果分析

针对 52304 开采工作面,采用 12 景聚束模式 TerraSAR-X 卫星影像,按照一定的基线组合进行 Pixel-tracking 监测。由于 Pixel-tracking 方法对长时间基线引起的失相干因素不如基于相位解缠的差分干涉测量技术敏感,Pixel-tracking 的方法也不存在受形变梯度阈值约束的问题,并且影像覆盖的时段均位于冬季,研究区域上方植被覆盖较稀疏,在对时间序列 TerraSAR-X 影像进行基线组合时,可不考虑时间基线的影响。对于空间基线,在地形起伏严重的区域,较长的垂直基线会对两景影像的配准偏移量造成一定的影响,因此在本试验中把空间基线阈值约束为 400 m。在 400 m 垂直基线、地形误差为 40 m 的情况下,根据 Sansosti[136] 等人给出的估算方法[式(5-15)],将会造成接近 3 cm 的配准偏差,对于距离向 0.91m 的像元尺寸而言,可以忽略掉 3 cm 的偏差。

$$\delta(\Delta p) \approx -\frac{B_\perp}{\rho \sin\theta} \frac{\Delta h}{R_{\mathrm{m}}^{\mathrm{rg}}} \tag{5-15}$$

图 5-5 所示为 12 景 TerraSAR-X 影像的时空基线分布图。以 400 m 的垂直基线阈值为约束,共形成了 66 个 Pixel-tracking 监测对,空间垂直基线最长为

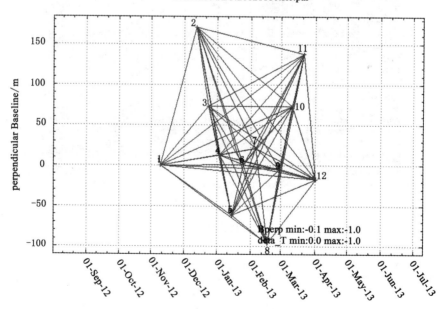

图 5-5　TerraSAR-X 垂直基线分布图

267 m,最短为 32 m。依据所选 Pixel-tracking 监测对组合,采用 Pixel-tracking 方法分别对各个监测对进行监测,由于 TerraSAR-X 影像像元尺寸小,分辨率高,为缩短运算时间,采用 91 的固定互相关窗口和 8 倍互相关系数内插因子进行处理,分别提取出每组 Pixel-tracking 组合的距离向形变和方位向形变。获取到每组 Pixel-tracking 组合的监测结果后,采用本章第一节提及的时间序列小基线 Pixel-tracking 方法进行时间序列的处理,由于垂直基线较短,可忽略地形误差的影响,最终的时序解算结果如图 5-6、图 5-7 所示。

如图 5-6 所示,采用时序小基线集 Pixel-tracking 方法得到了每个监测时段的 TerraSAR-X 卫星视线向下沉量,图中黑色框线代表工作面的位置。随着开采工作面的向前推进,地表下沉的范围和量级沿着工作面开采方向逐渐扩大。该工作面至 2013 年 3 月 25 日完成开采,但从地表的形变来看,在接近于工作面走向末端时,下沉量级很小,这主要是由于在开采工作接近工作面停采线时,煤层开采工作面顶板在一定时间内不会垮落,因此,该区域虽然也位于采空区内,但地表形变不明显,如果在某一时间段内,支撑顶板破裂,这将会导致该区域上方覆岩应力重新分配达到新的平衡,将会再次引起地表形变发生。为更好地说明地表下沉随时间的变化,针对 52304 开采工作面走向 45 个地表移动观测站提取时间序列小基线集 Pixel-tracking 方法监测结果在每个监测时段的视线向形变值,如图 5-8 所示。

随着工作面的向前推进,走向方向地表移动观测站点随工作面推进方向陆续出现下沉,在一定时间内达到最大下沉值并保持基本稳定状态,并且该下沉的速度受工作面推进速度的影响。当工作面推进速度较快时,地表出现的形变范围较大,在 11 d 的重访周期内下沉的速率也较快。图 5-9 所示为 TerraSAR-X 卫星对研究区域成像时,对应的 52304 工作面推进量。结合图 5-6 和图 5-8 分析可知,2012 年 11 月 10 日至 2012 年 12 月 13 日,工作面向前推进了 248 m,在地表形成了视线向最大下沉为 3 m 的下沉盆地,其盆地中心位于走向第 5 个地表移动观测点位置。而 2012 年 12 月 13 日至 2012 年 12 月 31 日,没有进行开采工作,此时在原有形变的基础上出现较小量级的下沉并沿工作面走向扩展。自 2013 年 1 月 1 日开始恢复工作面推进,至 2013 年 2 月 28 日,平均保持每 11 d 工作面向前推进 63.25 m 的速度快速向前推进。在此阶段地表也快速下沉。由图 5-8 可知,此时地表下沉盆地底部边界沿工作面走向方向快速扩大,前期形成的下沉盆地基本保持稳定。2013 年 3 月 11 日至 2013 年 3 月 22 日,下沉盆地形状基本未改变,这主要是由于在此卫星过境周期内,工作面只向前推进了 5.5 m,此时离工作面停采线仅剩 9 m,顶板的支撑作用明显。

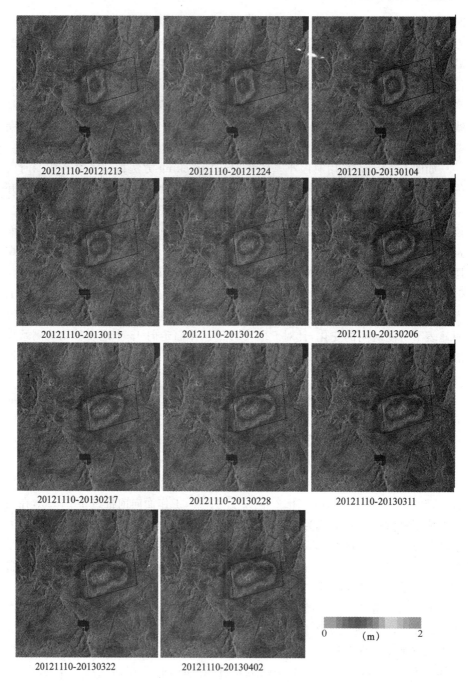

图 5-6　TerraSAR-X 距离向形变时序解算结果图

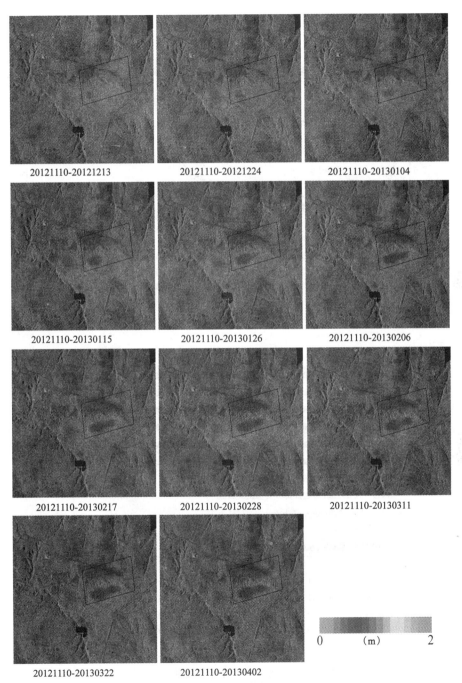

图 5-7 TerraSAR-X 方位向形变时序解算结果图

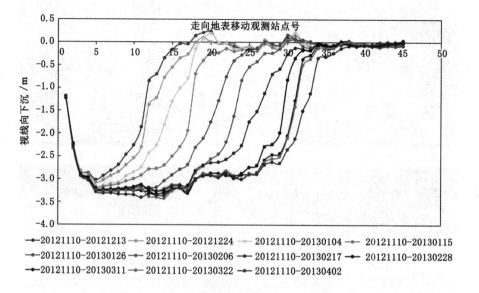

图 5-8　时序 TerraSAR-X 监测走向观测线剖线图

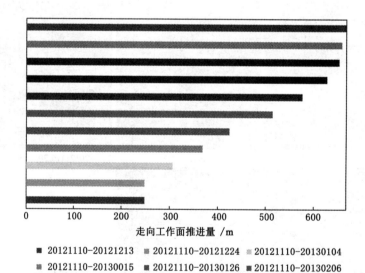

图 5-9　52304 工作面开采推进量

图 5-10 所示为采用时间序列 Pixel-tracking 方法监测的 52304 工作面方位向地表形变时序图。由该图可知,随着工作面的向前推进,在方位向上会出现形变,表现特征为以开采工作面走向方向中心线为分界线两边分布,形变方向指向中心线。随着工作面的向前推进,方位向形变沿走向方向扩展。为研究开采工作面在卫星方位向的形变情况,针对沿工作面倾向方向布设的 27 个地表移动观测站进行时序小基线集 Pixel-tracking 方法监测方位向形变结果的提取。由于布设的工作面倾向方向地表移动观测位于工作面的中心位置,在工作面推进量未达到倾向地表观测站的影响范围时,倾向观测站监测结果为零;当工作面推进量远离倾向地表移动观测站时,中心位置附近下沉基本稳定,倾向观测站监测结果不再随时间变化。因此,为获得较可靠的倾向观测站方位向形变结果,根据图 5-9 所示的工作面推进进度,选用 2013 年 1 月 4 日至 2013 年 2 月 28 日之间形成的方位向时序形变进行比较分析。

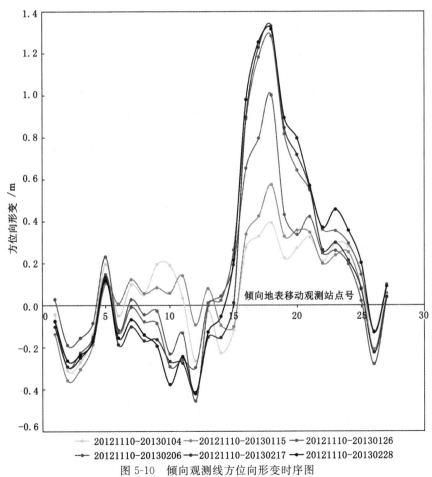

图 5-10　倾向观测线方位向形变时序图

如图 5-10 所示,随着工作面的向前推进,在倾向地表移动观测线第 14 点附近为中心的方位向形变,由于 TerraSAR-X 卫星在该研究区域为降轨成像,在此图中定义沿方位向运动为负值。1~13 号点位于工作面的北部,会出现向南运动的趋势,距 13 号位越近,向南运动的量级越大;15~27 号点随工作面推进出现向北运动趋势,并且越靠近中心点位置,其运动量级越大。由该图可知,在 5 号点和 26 号点均表现出异常,但其量级在 0.2 m 以内,这可能是由于在该区域存在较强的失相关因素,而导致 Pixel-tracking 方法在该区域监测精度较低。

为衡量时间序列小基线集 Pixel-tracking 方法的监测精度,依据 TerraSAR-X 影像时间序列监测结果,以 GPS-RTK 监测数据为真值,分别针对卫星视线向形变和方位向形变进行精度评价。图 5-11 和图 5-12 所示分别表示沿工作面走向 45 个地表移动观测站真值与卫星视线向监测值的对比图和沿工作面倾向 27 个地表移动观测站真值与卫星视线向监测值对比图。为保证对比结果的一致性,把地表移动观测站点的 GPS-RTK 测量数据按照本章第二节式(5-5)转化为 TerraSAR-X 卫星视线方向形变。

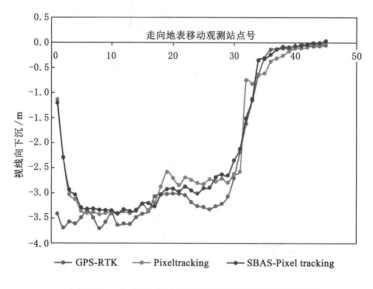

图 5-11　走向地表移动观测站视线向形变对比图

由图 5-11 可知,沿工作面走向方向第一、第二个地表移动观测点的 Pixel-tracking 监测结果与 GPS-RTK 测量结果偏差较大,达到了 2 m 以上的偏差,根据现场情况分析,这是由地面 GPS 观测时间与 TerraSAR-X 卫星成像时间不严格同步而造成的。在 2012 年 11 月 10 日进行 GPS-RTK 测量的北京时间在下

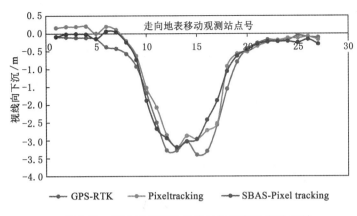

图 5-12　倾向地表移动观测站视线向形变对比图

午 14 至 16 时,而 TerraSAR-X 卫星对研究区域成像的 UTC 时间为 2012 年 11 月 10 日 22 时 43 分,中国的时区位于东八区,因此,TerraSAR-X 成像的北京时间为 2012 年 11 月 11 日 6 时 43 分,与进行 GPS-RTK 观测的时间有将近 14 h 时的时间差,恰巧在这 14 h 的间隔内,走向 1、2 号点发生了剧烈的下沉,TerraSAR-X 卫星影像捕获了下沉后的地表情况,因此导致 SAR 影像的监测结果与实测值有近 2 m 的偏差。通过 GPS-RTK 实测数据与基于时序小基线 Pixel-tracking 方法解算的最终视线方向形变和采用 2012 年 11 月 10 日第一景 TerraSAR-X 影像与 2013 年 4 月 2 日影像单独进行 Pixel-tracking 监测获取的结果进行比较,时序方法解算的结果更加平滑,也更加接近于 GPS-RTK 数据,在把 1、2 号点剔除后,其最大偏差绝对值为 0.635 m,最小偏差绝对值为 0.004 m,均方根误差为 0.173 m;采用 Pixel-tracking 方法直接对两景影像进行处理,其最大偏差绝对值为 0.867 m,最小偏差绝对值为 0.002 m,均方根误差为 0.203 m。基于时间序列小基线集 Pixel-tracking 方法解算的结果比直接进行 Pixel-tracking 监测的结果在走向方向上精度提高了 0.03 m,最大偏差绝对值减小了 0.232 m。

图 5-12 所示为表示在工作面倾向方向布设的 27 个地表移动观测站监测结果对比图。在倾向方向,时序 Pixel-tracking 方法解算结果与 GPS-RTK 数据之间最大偏差绝对值为 0.775 m,最小偏差绝对值为 0.004 m,均方根误差为 0.19 m;直接进行 Pixel-tracking 监测结果与 GPS-RTK 数据之间最大偏差绝对值为 0.63 m,最小偏差绝对值为 0.002 m,均方根误差为 0.216 m。虽然基于时序 Pixel-tracking 方法的监测结果最大偏差绝对值比直接进行 Pixel-tracking 监测结果最大偏差绝对值大了 0.145 m,但其倾向整体监测精度要比直接进行 Pixel-tracking 方法监测精度提高 0.026 m。

图 5-13 所示为沿工作面倾向方向布设的 27 个地表移动观测点在 TerraSAR-X 卫星方位向发生形变的监测结果对比图。为保证监测结果的一致性,需要把 GPS-RTK 测量数据转化为卫星方位向,其转化公式为式(5-16),式中 D_N 表示南北向形变,β 表示卫星航向角。

$$D_{azi} = \frac{D_N}{\cos\beta} \tag{5-16}$$

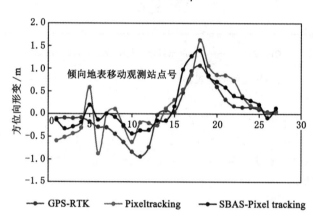

图 5-13　倾向地表移动观测站方位向形变对比图

由图 5-13 可发现,时间序列小基线集 Pixel-tracking 方法(SBAS-Pixel-tracking)的监测结果要比直接进行 Pixel-tracking 监测结果更平滑,与真实地表形变更接近,其最大偏差绝对值为 0.575 m,最小偏差绝对值为 0.015m,均方根误差为 0.141m;采用两景影像直接进行 Pixel-tracking 监测方位向形变,其最大偏差绝对值为 0.757 m,最小偏差绝对值为 0.024 m,均方根误差为 0.221 m。因此,时间序列小基线集 Pixel-tracking 方法监测方位向形变比直接采用 Pixel-tracking 的方法精度提高了 0.08 m。

采用 12 景 TerraSAR-X 影像利用时间序列小基线集 Pixel-tracking 方法监测 52304 工作面获得较好的监测效果,能够以沿视线向 0.19 m 的监测精度获取大量级地表形变。在 52304 工作面开采的同时,5 景 Radarsat-2 影像也捕获了地表下沉的过程。为获得稳定的监测结果,采用时序小基线集 Pixel-tracking 方法对 5 景 Radarsat-2 数据进行处理,时间基线不进行约束,空间垂直基线约束为 400 m,共有 10 个 Pixel-tracking 对进行组合,为减少运算时间,采用固定窗口为 91 的互相关计算窗口,互相关系数内插因子为 8 倍进行处理。其空间垂直基线分布图如图 5-14 所示。

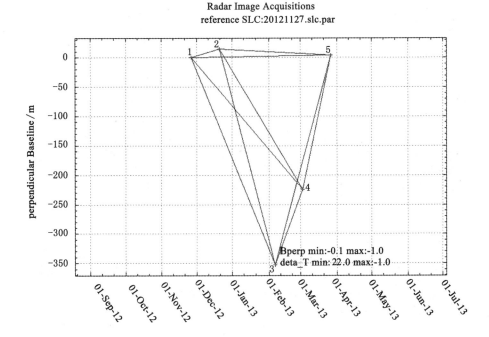

图 5-14　Radarsat-2 垂直基线分布图

由图 5-14 可知,在 10 个满足时空基线阈值的 Pixel-tracking 对中,垂直基线最长为 367 m,最短为 10 m,因此在进行固定窗口 Pixel-tracking 处理时,可不考虑地形因素造成的配准偏移误差。图 5-15 所示为基于时序小基线集 Pixel-tracking 技术解算的 Radarsat-2 卫星不同时段的地表视线向形变图。

由图 5-15 可知,随着工作面推进,地表下沉的范围逐渐扩大,但其形状与图 5-6 中 TerraSAR-X 影像有很大不同。由于覆盖 52304 工作面的 Radarsat-2 影像是升轨道右视成像数据,其 SAR 几何的成像与降轨道的 TerraSAR-X 右视影像在方位向刚好相反,TerraSAR-X 影像先对地理坐标的北方向成像,其降轨影像满足"上北下南、左东右西"的投影关系,而 Radarsat-2 影像是升轨影像,先对地理坐标的南方向成像,其投影关系满足"上南下北、左西右东",因此,在 Radarsat-2 影像的 SAR 几何坐标系下,52304 工作面及下沉盆地形状与 TerraSAR-X 雷达几何坐标系不同。另外,像元尺寸的差异也是导致不同雷达几何成像形状不同的主要因素。同时,这两个卫星的入射角度及方向不同,因此在得到的形变量级上也会存在较大差异。

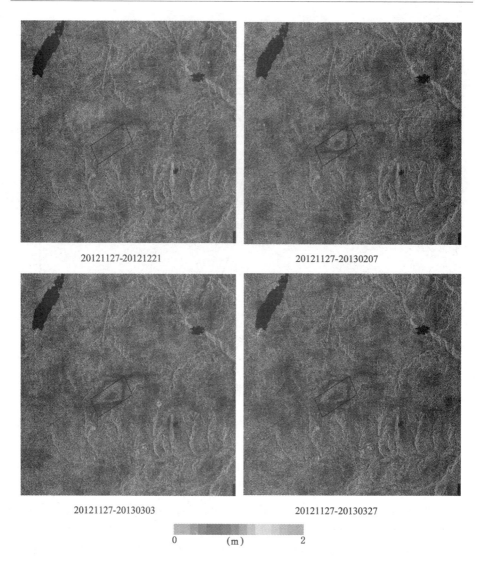

20121127-20121221   20121127-20130207

20121127-20130303   20121127-20130327

0   (m)   2

图 5-15   时序 Pixel-tracking 监测 Radarsat-2 各时段形变图

　　Radarsat-2 影像从 2012 年 11 月 27 日开始对 52304 工作面成像,此时工作面长度为 516 m。由图 5-16 可知,随着工作面的向前推进,地表形变影响范围开始扩大,下沉量级也随开采长度的增加而增加。据图 5-17 可知,2012 年 12 月 21 日至 2013 年 2 月 7 日之间工作面推进了 245 m,对照图 5-16 可知,此段时间引起工作面上方大范围的地表下沉,随着工作面推进接近末端,Radarsat-2 影像基本捕捉不到地表下沉现象的蔓延。这主要是两方面因素引起的:第一,Radarsat-2 影像的像元尺寸较大,是 TerraSAR-X 影像的三倍,对量级较小的形变监测不敏感;第二,在开采工作接近尾声时,开采煤层顶板的支撑保护作用加强致使地表形变的量级变小。为衡量 Radarsat-2 影像时序 Pixel-tracking 方法监测精度,分别对走向和倾向地表移动观测站监测结果进行比较,如图 5-18、图 5-19 所示。

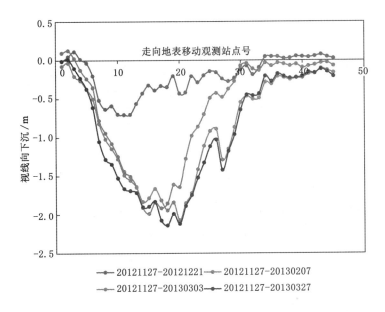

图 5-16　Radarsat-2 时序 Pixel-tracking 方法走向观测站剖线图

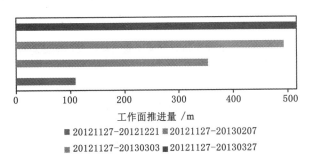

图 5-17　52304 工作面 Radarsat-2 监测时段推进量

通过对时序小基线集 Pixel-tracking 方法解算的结果及直接采用固定窗口 Pixel-tracking 方法监测结果进行评定,在沿工作面走向方向上,时序解算的方法和直接进行 Pixel-tracking 监测的方法精度都较低,时序方法走向监测精度为

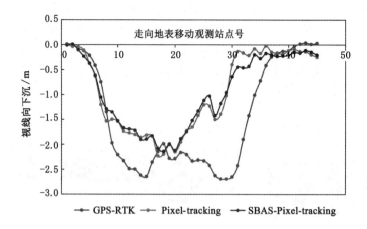

图 5-18　Radarsat-2 走向地表移动观测站视线向形变监测对比图

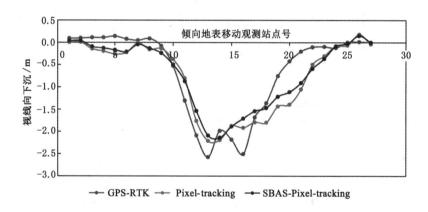

图 5-19　Radarsat-2 倾向地表移动观测站视线向形变监测对比图

0.539 m,最大偏差绝对值为 2.01 m,最小偏差绝对值为 0.015 m;直接监测方法走向精度为 0.578 m,最大偏差绝对值为 2.289 m,最小偏差绝对值为 0.002 m。在倾向方向,时序方法监测精度为 0.222 m,最大偏差绝对值为 0.796 m,最小偏差绝对值为 0.001 m;直接监测方法倾向监测精度为 0.249 m,最大偏差绝对值为 0.966 m,最小偏差绝对值为 0.041 m。通过图 5-18 可以明显看出,在走向方向下沉盆地底部,Pixel-tracking 的监测结果要明显小于实际地表下沉。这主要是由于 Radarsat-2 影像像元尺寸较大,对互相关窗口的敏感程度高,在下沉盆地底部,91 的互相关窗口过大,而造成了形变的压缩。其次,在下沉盆地周边,由于高强度的开采,地表出现了明显的裂缝和台阶,Radarsat-2 影像的卫星重访周期较长,在两次成像期间,地表散射特性发生了明显改变,而导致基于 SAR 影像强度互相关正则化的 Pixel-tracking 方法监测精度降低。

尽管时间序列小基线集 Pixel-tracking 方法采用 TerraSAR-X 影像和 Radarsat-2 影像监测 52304 工作面的时间段不同,两种影像都能够捕捉到明显的地表大量级形变,但从监测精度分析,TerraSAR-X 影像的监测精度要明显高于 Radarsat-2 影像,这主要是由于:(1)采用聚束模式 TerraSAR-X 影像像元尺寸小,分辨率高,其尺寸只有 Radarsat-2 影像的三分之一,在监测精度同样为 1/10 像元的情况下,TerraSAR-X 的监测精度是 Radarsat-2 影像的三倍;(2) TerraSAR-X 卫星的重访周期为 11 d,而 Radarsat-2 的重访周期为 24 d,在大柳塔矿区 52304 工作面高强度开采的条件下,会出现明显的地表裂缝和台阶,在长时间重访周期条件下,同一区域的散射强度在两景 SAR 影像中将发生明显改变,这会严重影响到 Pixel-tracking 方法的监测精度。

基于局部自适应窗口的 Pixel-tracking 方法能提升监测精度,但是该方法需要消耗大量的时间用来寻找最优窗口,而时间序列小基线集 Pixel-tracking 方法组合的 Pixel-tracking 对数量较多,如果采用局部自适应窗口 Pixel-tracking 方法将会严重消耗数据处理时间。由第三章研究可知,局部自适应窗口 Pixel-tracking 方法在面对因地表破裂严重导致的散射强度变化剧烈的情况下,也不能以较高的精度获取结果。综合考虑,在本章实验中,采用固定窗口的 Pixel-tracking 方法。

5.3.3 多平台 SAR 影像联合监测矿区三维形变结果分析

根据本章第二节介绍的多平台 SAR 影像联合解算矿区三维形变的方法,采用 12 景 TerraSAR-X 影像和 5 景 Radarsat-2 影像进行时序小基线集 Pixel-tracking 方法处理,根据时序处理的结果进行矿区三维形变的分解。由于 TerraSAR-X 影像的像元尺寸与 Radarsat-2 影像的像元尺寸存在很大不同,因此在进行联合解算之前,需要把 Radarsat-2 影像的监测结果转换至 TerraSAR-X 影像成像几何。在进行转换时,主要基于 GAMMA 软件地理编码的方法,将 Radarsat-2 影像得到的 2012 年 11 月 27 日至 2013 年 3 月 27 日 52304 工作面的视线向下沉转换为 TerraSAR-X 卫星雷达几何的形变,如图 5-20 所示。

图 5-20(a)所示为 Radarsat-2 影像监测的 2012 年 11 月 27 日至 2013 年 3 月 27 日之间 52304 工作面地表 Radarsat-2 视线向下沉编码至 TerraSAR-X 几何坐标下的形变,图 5-20(b)所示为 TerraSAR-X 影像监测的 2012 年 11 月 10 日至 2013 年 4 月 2 日之间 52304 工作面地表 TerraSAR-X 视线向下沉。对比可知,两个下沉盆地形状和下沉量有一定差异,主要是由于两种影像获取工作面形变的时间段不严格一致。此外,两种 SAR 卫星的视线向入射角度和航向角不

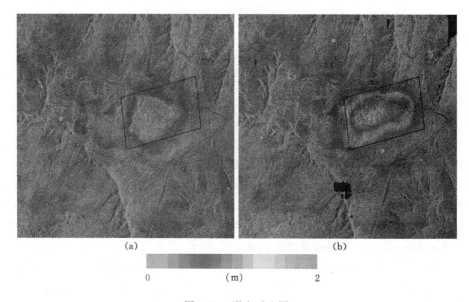

(a)　　　　　　　　　　　　　　(b)

0　　　　　　(m)　　　　　2

图 5-20　形变对比图
(a) Radarsat-2 监测结果;(b) TerraSAR-X 监测结果

同,造成同一量级的地表形变在两种不同入射角度的视线向形变量不同。将 Radarsat-2 影像监测结果编码至 TerraSAR-X 影像几何坐标下,使其像元尺寸保持一致,为矿区三维形变的分解奠定基础。

依据本章第二节提出的三维形变分解模型,采用时间序列小基线集 Pixel-tracking 方法,利用 12 景 TerraSAR-X 影像和 5 景 Radarsat-2 影像,分别获取到 52304 工作面 2012 年 11 月 10 日至 2013 年 4 月 2 日 TerraSAR-X 影像卫星视线向形变及方位向形变和 2012 年 11 月 27 日至 2013 年 3 月 27 日 Radarsat-2 卫星视线向形变。将获取到的两个不同 SAR 平台数据进行联合解算,得到了 52304 工作面地表三维形变信息。图 5-21 所示为由 TerraSAR-X 影像方位向形变转换的南北向形变;图 5-22 所示为联合解算得到的东西向形变;图 5-23 所示为联合解算得到的竖直向形变。

针对基于三维分解的 52304 工作面地表三维形变,依据走向和倾向方向地表移动观测站数据对三维分解形变的监测精度进行分析。图 5-24 所示为沿工作面倾向方向 27 个 GPS 地表移动监测数据与南北方向形变和竖直方向形变的对比图。图 5-25 所示为沿工作面走向方向 45 个地表移动观测站 GPS 监测数据与三维分解得到的东西向形变和竖直向形变的对比。GPS 数据的观测时间为 2012 年 11 月 27 日和 2013 年 4 月 2 日。

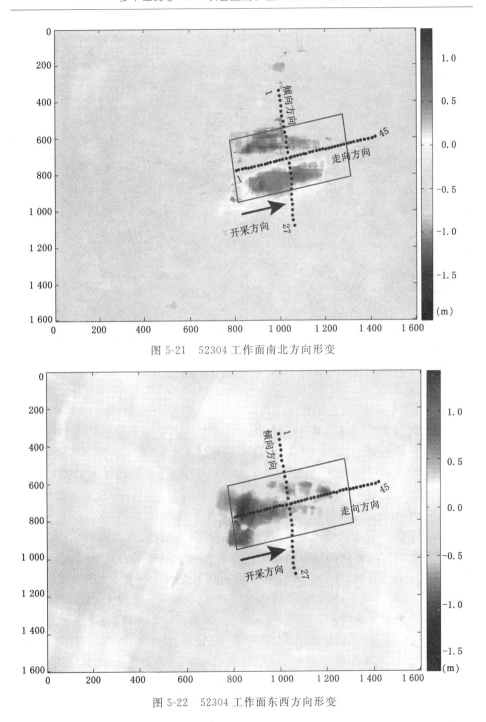

图 5-21　52304 工作面南北方向形变

图 5-22　52304 工作面东西方向形变

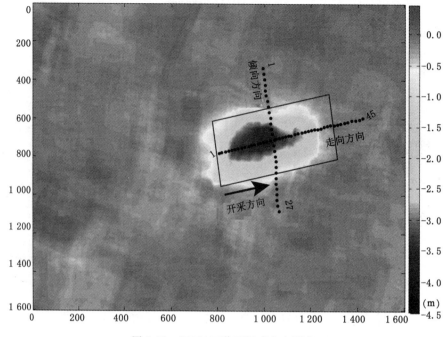

图 5-23　52304 工作面竖直方向形变

　　如图 5-24 所示，依据工作面倾向方向 27 个 GPS 观测数据对南北方向形变和竖直方向形变的监测结果进行评价。在南北方向，三维分解的结果与 GPS 监测结果的平均绝对差值为 0.197 m，最大绝对偏差为 0.485 m，最小绝对偏差为 0.012 m，均方根误差为 0.114 m。在竖直方向，三维分解的结果与 GPS 监测结果的平均差值绝对值为 0.284 m，最大偏差绝对值为 1.243 m，最小偏差绝对值为 0.045 m，均方根误差为 0.295 m。

　　根据走向方向 45 个地表移动观测站 GPS 监测数据，对东西方向形变和走向观测站竖直方向形变的监测精度进行评价。由于两个平台的 SAR 影像的获取时间不完全重合，而导致二者联合解算的结果有较大偏差。如图 5-25 中 Q_1 区域所示，在此区域内，联合解算的结果要比实际监测结果偏大，这是因为第一景 TerraSAR-X 影像的获取时间是 2012 年 11 月 10 日，而 GPS 数据的采集时间是 2012 年 11 月 27 日。在 2012 年 11 月 10 日至 2012 年 11 月 27 日之间的形变，在 TerraSAR-X 影像中能够捕捉到，而 Radarsat-2 影像是从 2012 年 11 月 27 日开始对研究区成像的，因此在两个影像联合进行解算时，导致在该区域解算结果比实际监测结果偏大。而在 Q2 区域，联合解算的结果要小于实际监测的结果，这是由于 GPS 监测的最后时间是 2013 年 4 月 2 日，而 Radarsat-2 影像

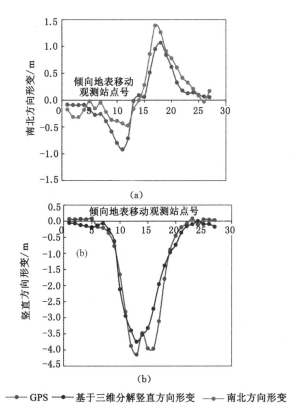

图 5-24 倾向方向地表移动观测站监测结果对比

(a) 南北方向形变;(b) 竖直方向形变

的最后获取时间是 2013 年 3 月 27 日,最后一景 TerraSAR-X 影像获取的时间是 2013 年 4 月 2 日,虽然在 2013 年 3 月 25 日已经完成了工作面的开采工作,但下沉仍在继续。从 2013 年 3 月 27 日至 2013 年 4 月 2 日,地表继续发生了大范围的下沉,由图 5-20 可知,在接近工作面停采线时,TerraSAR-X 影像监测的下沉范围要比 Radarsat-2 影像监测的下沉范围大,因此在此区域,联合解算的结果比实际监测结果要小。

考虑到两个不同平台的 SAR 影像对研究区域成像的时段不一致,为客观地评价监测精度,把走向方向地表移动观测站点位于 Q_1 和 Q_2 区域的地表移动观测站点去除,利用剩余的 27 个观测站点数据对走向方向监测精度进行评价。在东西方向,平均差值绝对值为 0.185 m,最大偏差绝对值为 0.455 m,最小偏差绝对值为 0.041 m,均方根误差为 0.126 m。在竖直方向,平均差值绝对值为 0.322 m,最大偏差绝对值为 0.886 m,最小偏差绝对值为 0.046 m,均方根误差为

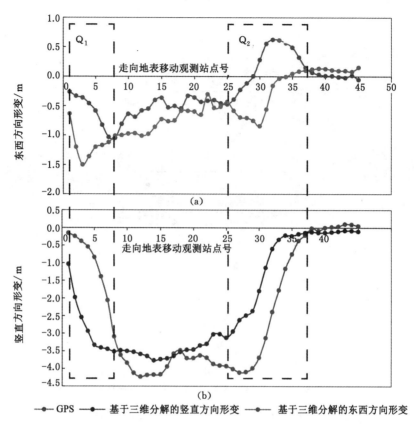

图 5-25　走向方向地表移动观测站监测结果对比
(a) 东西方向形变；(b) 竖直方向形变

0.245 m。

　　基于 TerraSAR-X 平台和 Radarsat-2 平台时间序列 Pixel-tracking 方法进行联合解算获取 52304 工作面三维形变方法的监测精度没有单纯采用 TerraSAR-X 时间序列 Pixel-tracking 方法视线方向监测精度高，但比单独采用 Radarsat-2 影像时间序列 Pixel-tracking 方法视线向形变监测精度要高。这主要是由于两种不同平台的 SAR 影像像元尺寸不同，而导致监测精度不同。但采用单一平台的 SAR 影像只能获取研究区域二维形变场，基于多平台的联合解算可以得到真三维的形变场。为提高三维形变场的监测精度，要保证不同平台 SAR 影像对同一目标成像的时间一致性，同时还要保证不同平台 SAR 影像像元尺寸的一致性，这种要求对于目前在轨运行的 SAR 卫星系统而言是有难度的，但随着各国对 SAR 技术的重视及 SAR 卫星以独有的优势在空间对地观测中的作用越来越突出,在不久的将来会有越来越多的 SAR 卫星发射升空,这将为多平台 SAR 影像联合解算三维形变提供更丰富的数据支持。

5.4 本章小结

(1) 对时间序列小基线集 Pixel-tracking 方法的原理进行介绍,依据矿区地表下沉的动态过程,对时序小基线集 Pixel-tracking 方法进行改进,采用不同时段的下沉量代替平均下沉速率进行求解,使监测结果更接近真实地表下沉。

(2) 在分析研究 SAR 影像监测形变三维分解模型基础上,利用 Pixel-tracking 方法既能监测距离向形变又能监测方位向形变的优势。对三维形变监测模型进行改进,采用两个平台的 SAR 影像 Pixel-tracking 监测结果进行联合解算便可获取到矿区大形变的三维形变场。

(3) 利用 12 景时间序列 TerraSAR-X 影像和 5 景 Radarsat-2 影像分别采用时间序列小基线集 Pixel-tracking 方法对大柳塔矿区 52304 工作面进行监测,结合工作面推进量对时序结果进行分析,并依据 72 个地表实测 GPS 数据评价其监测精度;利用两个平台的时序小基线集 Pixel-tracking 方法的监测结果,采用三维分解的方法进行联合解算,获得 52304 工作面真三维形变场,并依据现场实测数据对三维分解的形变结果进行分析和精度评价。

6 时序 InSAR 技术与 Pixel-tracking 方法融合监测矿区形变研究

煤炭资源开采引起的地表下沉与地质采矿条件有关,不同的地质条件和开采方式会引起不同量级的地表下沉。对于小量级的地表形变,基于相位信息的时间序列 InSAR 技术是一个有效的监测手段;对于大梯度的地表下沉,时序 Pixel-tracking 技术能够有效监测大量级形变,而对于下沉盆地边缘附近的小量级下沉,Pixel-tracking 方法并不能够进行有效监测,在精确识别下沉盆地边缘时将会受到影响。在本章中,采用基于相位信息的时间序列 InSAR 技术获取小量级形变,采用时序 Pixel-tracking 技术获取大量级地表形变,根据一定的规则对二者进行融合,从而提高下沉盆地监测精度。

6.1 时序 InSAR 技术监测矿区形变

基于相位信息进行解算的时间序列 InSAR 技术具有高精度、全天候、不受云雨雾遮盖的特点,广泛应用到空间对地表缓慢形变的监测中。矿区因煤炭资源高强度开采引起的下沉通常具有形变量级大、影响范围小的特点,采用时序 InSAR 技术尤其是短波长的 SAR 影像,很难正确获取整个下沉盆地的信息,但对于下沉盆地边缘小量级的地表形变具有很强的捕捉能力[33,146,147]。对 52304 开采工作面开采地表形变监测,基于 2012 年 12 月 13 日至 2013 年 4 月 2 日的 11 景 TerraSAR-X 影像分别采用时序相位叠加技术、Stacking-InSAR 技术、SBAS-InSAR 技术和 TCP-InSAR 技术进行解算,并基于 72 个地表移动观测点 GPS 监测数据对不同时序 InSAR 方法监测大量级形变的能力及精度进行评价。

6.1.1 时序相位叠加技术

时序相位叠加技术是最简单的一种时间序列 InSAR 方法,它通过按时间序列进行差分的相位解缠图进行叠加,极大程度上削弱了大气延迟对监测结果的影响[148]。时序相位叠加的原理表达式为:

$$\varphi_{\text{sum}} = \sum_{i=1}^{N} \varphi_{\text{unw}}^{i} \qquad (6\text{-}1)$$

式中,φ_{sum} 代表叠加后的形变相位和;φ_{unw}^{i} 代表第 i 幅差分干涉图的解缠相位;N

表示差分干涉图的数量。

在每幅差分干涉图中,由于地形误差的影响,都会有地形残余相位存在,由于进行了相位叠加,会把地形误差进行积累。通常,地形误差引起的形变误差与垂直基线有关[149],其关系为:

$$\Delta r = \frac{B_{\perp}}{\rho \sin \theta} \Delta h \qquad (6\text{-}2)$$

式中,Δr 表示形变误差;$B_{\perp}$ 代表垂直基线长度;ρ 代表传感器至地面目标的距离;θ 代表卫星入射角;Δh 代表地形误差。

以覆盖 52304 工作面的 TerraSAR-X 影像为例,绘制垂直基线与地形误差造成的形变误差关系图,如图 6-1 所示,当垂直基线为 200 m、地形误差为 25 m 时,将会引起 1.1 cm 的形变误差。

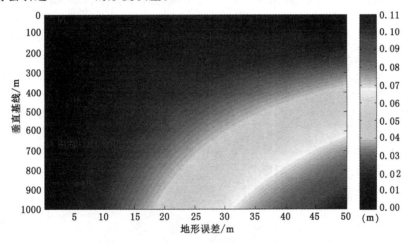

图 6-1　地形误差与垂直基线引起形变误差关系图

虽然覆盖 52304 工作面的 TerraSAR-X 影像其垂直基线较短,通常在 200 m 以内,但该区域位于黄土沟壑区,地形复杂,SRTM-DEM 在该区域误差较大,在进行时序相位叠加处理时,应考虑到地形因素的累积效应,可采用基于最小二乘的曲面拟合的方法从总的累积形变相位图中去除地形累加引起的形变误差。通常在进行最小二乘拟合的时候,应把下沉区域采用掩膜文件进行掩膜,剩余区域采用行间隔和列间隔均为 32 个像元的均匀分布点进行拟合。采用的拟合函数为一次曲面函数,即:

$$\varphi = a_0 + a_1 x + a_2 y + a_3 xy \qquad (6\text{-}3)$$

式中,φ 表示拟合地形误差相位;a_0, a_1, a_2, a_3 表示拟合系数;x, y 表示矩阵的行列号。

为保证在时间序列差分干涉图中相位解算的结果不会发生相对变化,在时间序列图中选择远离下沉区域且保持高相干性的点作为每一幅差分干涉图相位解缠的起始点,在 1 600×1 600 像元大小的时序 TerraSAR-X 影像中,选择点坐标为(1 196,120)作为相位解算起始点,其时序形变结果如图 6-2 所示。

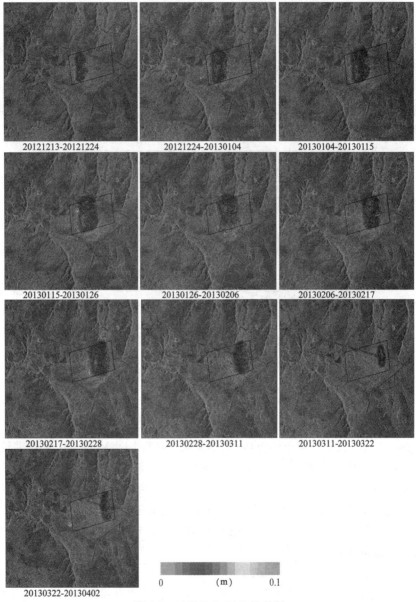

图 6-2   时序 D-InSAR 结果图

图 6-2 显示了随着工作面的推进,以 11 d 为间隔的 52304 工作面地表下沉情况。由于该工作面采用全部垮落法开采,由地质采矿条件可知,其下沉量级远超 D-InSAR 技术可以进行相位解缠的形变梯度,因此每一期的差分干涉图获取到的最大下沉要远小于真实下沉,但对于每 11 d 间隔地表下沉的影响范围,D-InSAR 技术能够精确地获取。利用时序相位叠加技术,对每一期差分干涉图进行叠加,并把相位转化为视线向形变,叠加后的结果如图 6-3(a)所示,图 6-3(b)所示为去除地形误差后的叠加形变图。

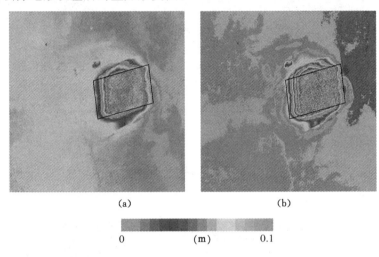

(a)   (b)

0   (m)   0.1

图 6-3 时序叠加形变图

(a)原始叠加;(b)去除地形误差叠加

由于地形误差的累积作用,在原始的叠加形变图中存在大量的地形误差,采用基于最小二乘的曲面拟合方法对地形误差进行拟合,然后从观测值中减去拟合值,能够有效削弱地形引起的形变误差,其拟合的地形残余形变如图 6-4 所示。

去除地形误差引起的形变后,采用 10 个相位解缠图进行时序相位叠加获取到的下沉盆地卫星视线向最大形变值为 −0.465 m,这要远小于地表真实的下沉值。这主要是由于地表下沉梯度超过了 TerraSAR-X 影像能够进行相位解缠的梯度阈值,导致下沉梯度大的区域相位解缠失败。为分析时序相位叠加技术对小量级形变的监测精度,选择观测日期为 2012 年 12 月 13 日和 2013 年 4 月 2 日沿工作面走向和倾向方向视线向下沉值小于 0.5 m 的地表移动观测站点进行验证。其中走向方向共有 19 个点,分别是 1～7 号点和 34～45 号点;倾向方向共有 16 个点满足条件,分别是 1～8 号点和 20～27 号点。其点位分布如图 6-5 所示。

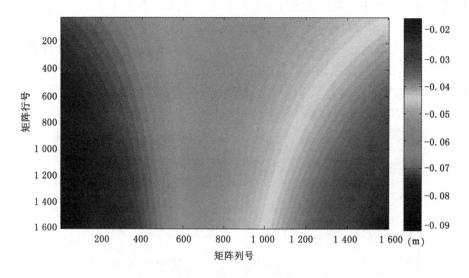

图 6-4　地形误差拟合曲面

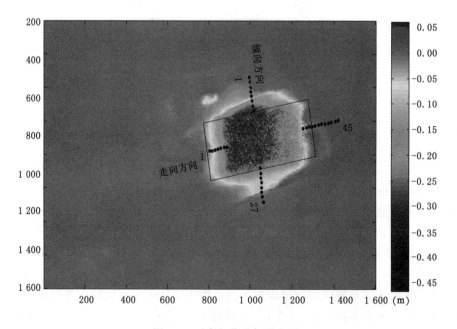

图 6-5　时序相位叠加形变图

依据图 6-5 所示,利用走向方向 19 个地表移动观测站数据和倾向方向 16 个地表移动观测站数据对时序相位叠加技术的监测精度进行评价。图 6-6 和图 6-7 所示分别为走向方向和倾向方向监测结果与 GPS 对比图。由图 6-6 可知,在走向方向,最大偏差绝对值为 0.367 m,最小偏差绝对值为 0.000 3 m,平均绝对偏差为 0.063 m,均方根误差为 0.087 m。很显然,走向方向绝对值偏差较大的点是由于形变量级过大导致解缠失败造成的。为精确评价时序相位叠加方法对小量级形变的监测精度,定义绝对偏差大于 20 cm 的点为异常点,在去除走向方向 7 号和 34 号点之后,重新对走向精度进行评价,其平均绝对偏差为 0.037 m,均方根误差为 0.035 7 m。由图 6-7 可知,通过对倾向方向 16 个地表移动观测站进行精度评价,最大偏差绝对值为 0.111 m,最小偏差绝对值为 0.002 m,平均绝对偏差为 0.038 m,均方根误差为 0.0316 m。因此,可以认为时序相位叠加的方法在小形变区域走向和倾向的监测精度是等精度的。由于地表移动观测站是采用 GPS-RTK 技术进行观测的,一般认为在竖直方向 RTK 技术的监测精度为 5 cm,因此有理由认为在小形变区域时序相位叠加技术的监测精度比 GPS-RTK 技术高。

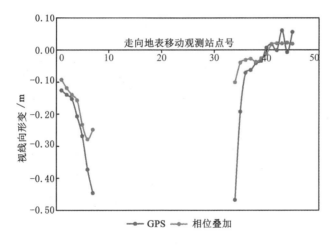

图 6-6   走向观测站精度对比图

6.1.2 Stacking 技术

Stacking 技术也是采用相位叠加的方式来削弱大气误差,同样会造成地形误差的累积作用,与时序相位叠加技术不同的是,Stacking 技术通过下沉相位与时间进行积分然后除以时间的平方,最终获取到的是平均形变速率。如果地表下沉模型符合或者比较接近线性下沉模型,采用该方法能够得到比较准确的形变速率。地下煤矿开采引起的下沉从地表开始受到采动影响到最终应力分布平

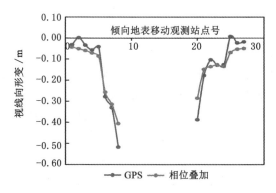

图 6-7　倾向观测站精度对比

衡达到一种新的稳定状态是一个非线性的过程,但在整个过程的某个阶段,其形变特征近似线性形变模型,此时可以考虑采用 Stacking 方法获取平均形变速率。

利用 2012 年 12 月 13 日至 2013 年 4 月 2 日共计 11 景覆盖 52304 工作面 TerraSAR-X 影像进行 Stacking 技术处理,并根据现场实测 GPS 数据进行验证。图 6-8 所示为平均形变速率图,由该图可知,由于下沉盆地失相干现象严重,在时间序列影像中相当多的点不能在时间序列中保持高相干性,导致该区域

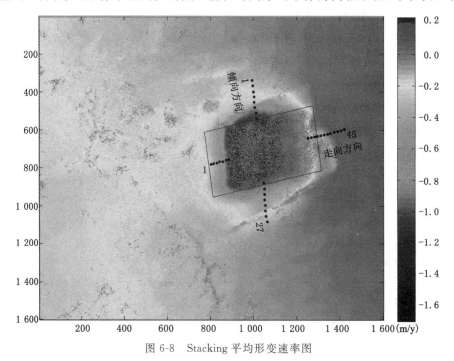

图 6-8　Stacking 平均形变速率图

存在大量的空值区。

由于 TerraSAR-X 卫星波长为 3.2 cm,理论可解缠的形变梯度为 0.8 cm,这会导致相位解缠的时序 InSAR 方法对大梯度形变监测结果错误,为准确衡量 Stacking 技术的监测精度,仍然采用实际视线向下沉小于 0.5 m 的地表移动观测站点进行评价。由于 52304 工作面下沉量级大,地表植被覆盖度高,在时间序列 TerraSAR-X 影像中相干性较差,并不能保证在每一个地表移动观测点都能获取到形变速率,对于失相干严重的地表移动观测站点采用附近最近的可监测点来代替。监测结果得到的是形变的平均速率,在进行精度评价时,采用下式进行转换,将速率转换为下沉量:

$$S_{los} = v_{los} \cdot t \tag{6-4}$$

式中,S_{los} 代表视线向下沉;v_{los} 代表视线向下沉速率;t 代表时间跨度。

图 6-9 和图 6-10 所示分别为走向地表移动观测站点和倾向地表移动观测站点精度对比图。

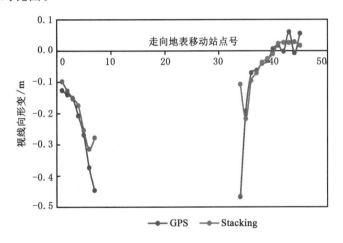

图 6-9　Stacking 方法走向对比图

由图 6-9 和图 6-10 依据 GPS 观测值对 Stacking 方法获得的监测值进行精度评价,在走向方向 19 个地表移动观测站中,平均绝对偏差为 0.048 m,最大偏差绝对值为 0.36 m,最小偏差绝对值为 0.001 m,均方根误差为 0.082 m,由于走向方向第 7 号点和 34 号点观测值明显小于实测值,主要是由于相位解缠错误造成的,在剔除这两个点之后,重新对走向观测站精度进行评定,其平均绝对偏差为 0.023 m,最大偏差绝对值为 0.059 m,均方根误差为 0.016 m。在倾向方向利用 16 个地表移动观测站点进行精度评价,其中平均绝对偏差为 0.034 m,最大偏差绝对值为 0.08 m,最小偏差绝对值为 0.002 m,均方根误差为 0.025 m。无

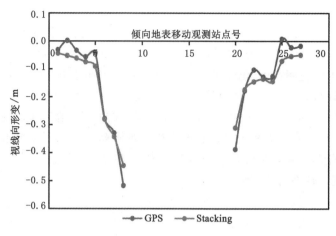

图 6-10　Stacking 方法倾向对比图

论是走向观测线还是倾向观测线,其监测精度比单纯进行时序相位叠加得到的监测精度要高,这充分说明对于下沉盆地边缘小量级的形变监测,Stacking 技术能够得到更优的监测结果。然而对于下沉盆地中心大量级形变,由图 6-8 可知,Stacking 技术获取到的最大形变速率为 1.6 m/y,而实际在时间跨度 4 个月内,视线向最大下沉已经达到了近 3.5 m,这说明 Stacking 技术对于大量级、大梯度、快速地表下沉的监测是不适合的。

6.1.3　SBAS-InSAR 技术

SBAS-InSAR 技术通过对时间序列 SAR 影像进行时间基线约束和空间基线约束对干涉影像对进行重新组合,通过奇异值矩阵分解技术获得研究区形变速率[150]。该技术既能抑制时间、空间失相关因素对监测结果的干扰,又能对大气影响和地形、基线误差进行削弱,广泛应用到缓慢地表形变监测中[59, 151−153]。覆盖 52304 工作面的 TerraSAR-X 影像为编程定制影像,因此其空间垂直基线较短,在进行 SBAS-InSAR 处理时,不对空间基线进行约束,由于 52304 工作面地表下沉剧烈,造成失相干现象严重,时间基线约束为 22 d。11 景 TerraSAR-X 影像构成的时空基线图分布如图 6-11 所示。

图 6-11 中,最长空间基线为 267 m,最短为 32 m。采用 22 d 的时间基线进行约束,共生成 19 个满足条件的差分干涉对。利用 SBAS-InSAR 技术对 19 景差分干涉图进行处理,得到了研究区地表形变速率图,如图 6-12 所示,在下沉盆地中心,出现了大量空值区域,这是由于失相干现象造成的。由于进行 SBAS-InSAR 处理的差分干涉对比 Stacking 技术采用的差分干涉对更多,其时间跨度也更长,导致在下沉盆地内失相干的点也会更多。

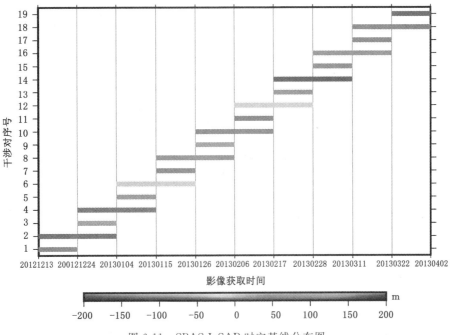

图 6-11　SBAS-InSAR 时空基线分布图

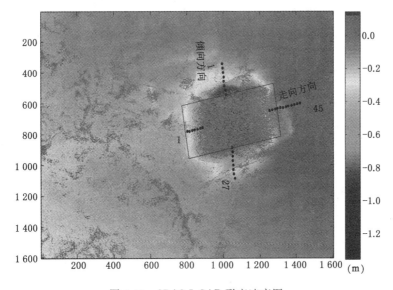

图 6-12　SBAS-InSAR 形变速率图

为验证 SBAS-InSAR 技术在 52304 工作面监测精度,仍然采用走向方向 19 个地表移动观测站点和倾向方向 16 个地表移动观测站点的 GPS 监测值作为真值进行精度评价,对于地表移动观测站点出现空值时,采用距该点最近的监测值来代替。图 6-13 和图 6-14 所示分别为走向和倾向监测结果对比图。

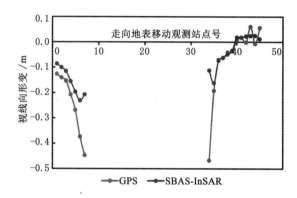

图 6-13　SBAS-InSAR 走向对比图

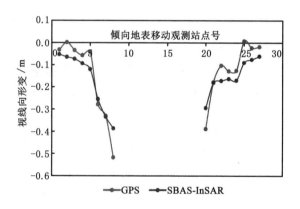

图 6-14　SBAS-InSAR 倾向对比图

根据走向方向 19 个地表移动观测站点 GPS 监测数据对 SBAS-InSAR 监测结果进行评定,其平均绝对偏差为 0.061 m,最大绝对偏差为 0.355 m,最小绝对偏差为 0.001 m,均方根误差为 0.089 m。由图 6-13 可知,7 号和 34 号地表移动观测点的监测值与 GPS 结果偏差很大,这是由于失相干现象造成的。剔除这两个点之后,重新对精度进行评价,其平均绝对偏差为 0.034 m,最大绝对偏差为 0.141 m,均方根误差为 0.033 m。利用倾向方向 16 个地表移动观测站点 GPS 数据进行精度评价,其平均绝对偏差为 0.052 m,最大绝对偏差为 0.132 m,最小绝对偏差为 0.002 m,均方根误差为 0.034 m。对比 Stacking 方法可知,SBAS-InSAR 方法的监测精度没有 Stacking 方法监测精度高。这主要是因为 SBAS-InSAR 的时间基线阈值设置为 22 d,增加了更多的差分干涉对,但由于 52304 工作面地表下沉剧烈,在 11 d 的时间间隔内,盆地边缘可进行正确的相位解缠,在 22 d 的时间间隔中由于地表形变梯度会更大,这将会导致相位解缠的失败,最终导致解算的速率偏小。

6.1.4　TCP-InSAR 技术

　　TCP-InSAR 技术利用时间序列的 SAR 影像进行临时高相干点的选取,基于临时相干点,按照一定的距离约束进行三角网构网,通过对各个连接的高相干点之间的相位差进行粗差探测,剔除存在相位跳变的弧段,基于最小二乘平差思想对形变参数进行估计。该方法的优点是不用进行相位解缠,通过粗差探测来剔除存在整周模糊的弧段,避免了因相位解缠错误导致监测结果不可靠。该方法对于城市缓慢地表下沉具有很好的监测精度,为验证该方法对于矿区小量级地表形变的监测效果,采用 2012 年 12 月 13 日至 2013 年 4 月 2 日共计 11 景覆盖大柳塔矿区 52304 工作面的 TerraSAR-X 影像进行 TCP-InSAR 处理,其时空基线分布如图 6-15 所示。

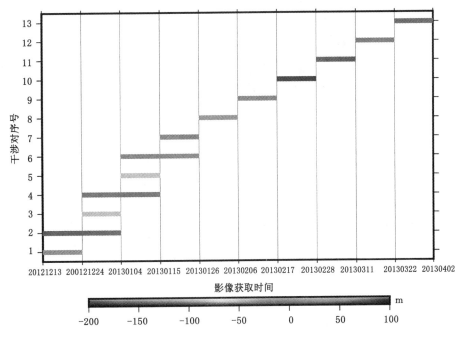

图 6-15　TCP-InSAR 时空基线分布

为保证差分干涉相位的时间相干性,共有 13 对差分干涉组合用来进行解算形变速率。依据时间序列相干性阈值,对时间序列 SAR 影像中的临时高相干点进行选取,在 1 600×1 600 像元大小的影像块中,共有 239 721 个点被选出用来进行形变速率解算,选点结果如图 6-16 所示。

图 6-16　TCP-InSAR 选点示意图

用 239 721 个临时相干点进行构网,依据每个相连弧段之间的相位差采用粗差探测的方法进行评估,剔除弧段之间有整周模糊的弧段,采用基于最小二乘的平差方法对形变速率进行估算,其结果如图 6-17 所示。

根据图 6-17 中走向方向 19 个地表移动观测站点的 GPS 数据与 TCP-InSAR 监测数据进行精度评价,平均绝对偏差为 0.111 m,最大绝对偏差为 0.445 m,最小绝对偏差为 0.003 m,均方根误差为 0.117 m;依据倾向方向 16 个地表移动观测站点进行评价,倾向方向平均绝对偏差为 0.105 m,最大绝对偏差为 0.411 m,最小绝对偏差为 0.002 m,均方根误差为 0.119 m。

采用 TCP-InSAR 技术监测矿区形变获得的下沉量级明显偏小,这主要是由于 TCP-InSAR 技术在解算形变速率时,是基于选取的临时相干点进行组网,

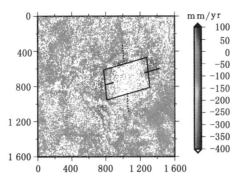

图 6-17　TCP-InSAR 解算形变速率图

依据每两个相邻的点进行粗差探测,剔除有相位跳变的弧段然后基于平差思想进行解算的。52304 工作面受地质采矿条件和开采方式的影响,下沉量级大,形变梯度大,而 TCP-InSAR 在构网的时候,构网半径为 800 m,即使位于下沉盆地边缘,也很容易引起两个相邻高相干点之间的弧段存在跳变。而对于下沉盆地边缘发生微小形变的区域,TCP-InSAR 技术能够敏锐地捕捉。如图 6-17 所示,TCP-InSAR 技术能够明显区分下沉区域,与 GPS 数据对比,在下沉盆地边缘获得了很好的一致性,而随着下沉量级的增加,TCP-InSAR 技术的解算结果明显低于地表实际下沉结果。根据 Crosetto 等人的研究成果,TCP-InSAR 技术在城市季节性沉降、地表缓慢形变监测方面取得很好的监测效果[154-157],但对于矿区大梯度大量级的形变监测,该方法并不能获得理想的监测结果。

6.1.5　四种时序 InSAR 方法监测精度对比

针对四种时序 InSAR 方法监测结果,分别采用平均绝对偏差(MAVD)、最大绝对偏差(max)、最小绝对偏差(min)、均方根误差(RMSE)对走向方向和倾向方向的监测结果进行评价,见表 6-1。

表 6-1　　　　　　　　　　时序 InSAR 方法监测精度对比

	走向方向/m				倾向方向/m			
	MAVD	max	min	RMSE	MAVD	max	min	RMSE
相位叠加	0.037	0.153	0.0003	0.0357	0.038	0.11	0.002	0.0316
Stacking	0.023	0.059	0.001	0.016	0.034	0.08	0.002	0.025
SBAS-InSAR	0.034	0.141	0.002	0.033	0.052	0.132	0.002	0.034
TCP-InSAR	0.111	0.445	0.003	0.117	0.105	0.411	0.002	0.119

6.2　时序 SBAS-Pixel-tracking 技术监测矿区形变

　　Pixel-tracking 技术依据 SAR 影像的强度信息进行互相关峰值匹配得到两景影像成像期间地表的大量级形变,该方法受时间基线和空间基线的约束较小,对噪声的抵抗能力较强。基于时间序列 SAR 影像的小基线集 Pixel-tracking 技术通过增加更多的观测量进行解算,能够更稳定地获取到研究区域大量级的地表形变信息。为获得更加精确的矿区大量级地表形变信息,采用时序小基线集 Pixel-tracking 技术对 2012 年 12 月 13 日至 2013 年 4 月 2 日之间覆盖大柳塔矿区 52304 工作面的 11 景 TerraSAR-X 影像进行处理,得到更加精确的下沉信息,用于时序 InSAR 技术与时序 Pixel-tracking 技术监测结果的融合,获得整个开采工作面精确下沉信息。

　　由于覆盖 52304 工作面的 TerraSAR-X 影像为编程定制数据,其每期影像之间空间基线都很短,并且影像的获取时段均在冬季,对于 Pixel-tracking 技术而言,时间失相关因素较弱不必重点考虑,因此,在进行小基线集 Pixel-tracking 技术影像对选择时,不考虑时间基线和空间基线的约束,采用 11 景影像共生成 55 个 Pixel-tracking 对,各个影像对的时空基线分布如图 6-18 所示。

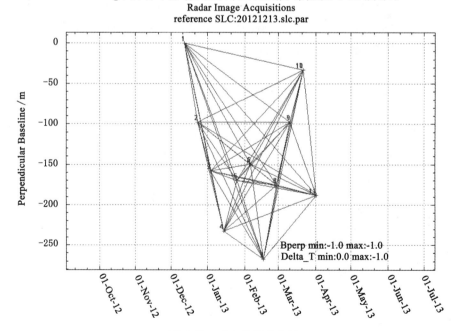

图 6-18　时空基线分布图

采用 91 的固定互相关窗口 8 倍相关系数表面内插因子对 55 个 Pixel-tracking 对进行处理,利用本书第四章提出的地形改正方法对每一幅 Pixel-tracking 监测结果图进行地形改正,削弱地形的影响。利用小基线集解算形变的思想对 55 个进行地形改正的 Pixel-tracking 监测结果图进行解算,得到每个卫星过境周期内的时序地表形变信息,如图 6-19 所示。

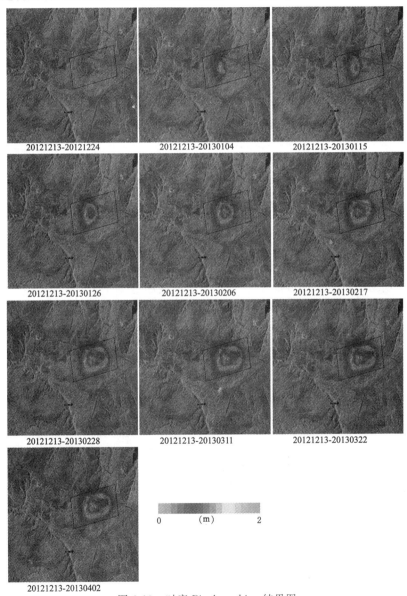

20121213-20121224　　20121213-20130104　　20121213-20130115

20121213-20130126　　20121213-20130206　　20121213-20130217

20121213-20130228　　20121213-20130311　　20121213-20130322

20121213-20130402

0　　(m)　　2

图 6-19　时序 Pixel-tracking 结果图

由图 6-19 可知,Pixel-tracking 方法能够对大量级形变具有很好的监测效果,对小量级形变监测效果较差。图 6-19 中展示的对 2012 年 12 月 13 日至 2012 年 12 月 24 日的两景影像进行 Pixel-tracking 监测的结果,由于此段时间内未进行开采活动,地表形变下沉量级较小,Pixel-tracking 技术并不能够精确地获得地表下沉。同样,在开采工作面的边缘,受采动因素影响较小导致地表下沉量级小,单纯采用 Pixel-tracking 技术很难精确获得整个下沉盆地的影响范围。因此,基于相位解缠的时序 InSAR 方法与时序 Pixel-tracking 方法进行融合是高精度获取下沉盆地的有效手段。

6.3 时序 InSAR 与时序 Pixel-tracking 技术融合监测矿区形变实验

基于相位解算的时间序列 InSAR 方法能以毫米级的精度对地表缓慢的形变进行高精度监测,而 Pixel-tracking 方法的监测大梯度形变的精度通常为1/10 像元至 1/30 像元。为获取完整的下沉盆地信息,需将两者的监测结果进行有效融合。

6.3.1 融合方法

覆盖 52304 工作面的 TerraSAR-X 雷达影像的波长为 3.2 cm,依据 Zebker 等人在 1992 年给出的干涉测量能够顺利进行的基本条件,即单位像元对应地物在成像期间沿雷达视线方向发生的偏移量不能超过半个波长[158],得到在一幅差分干涉图中,单位像元可解缠的理论形变值为 1.6 cm。在时序 InSAR 差分干涉图中,针对单位像元可认为能够通过相位解缠得到的视线向形变值为:

$$D_{\text{los}}^{\max} = \frac{\lambda}{2} \cdot (n-1) \tag{6-5}$$

式中,$D_{\text{los}}^{\max}$ 代表时序 SAR 影像中单位像元可解缠形变值;λ 代表雷达波长;n 代表影像数量。

而在实际相位解缠中,对于缓慢形变,相邻两个像元的形变梯度小于 $\lambda/4$,实际可解缠的最大形变值远大于 $\lambda/2$,因此,在时序 InSAR 技术得到的监测结果中,把小于 $D_{\text{los}}^{\max}$ 的值作为时序 InSAR 技术中得到的正确值。对于 52304 工作面,11 景 TerraSAR-X 影像对应的 $D_{\text{los}}^{\max}$ 值为 16 cm。

根据本章第一节几种时序 InSAR 方法解算的结果与 GPS 数据比较可知,在 52304 工作面地表视线向形变小于 0.5 m 时,时序方法能够以较高的精度接近地表真实形变,大于 0.5 m 时,由于各种失相干因素的影响不能获得有效监测结果。因此,针对 52304 工作面,把 0.5 m 作为时序 InSAR 方法与时序 Pixel-tracking 方法融合的分界点。对于大于 0.5 m 的形变,完全采用时序 Pixel-tracking 技术进行监测；对于大于 16 cm 小于 0.5 m 的视线向形变，采用时序 InSAR 与时序 Pixel-tracking 技术按照一定的权值进行融合；对于小于 16 cm 的形变，采用时序 InSAR 技术进行监测。以 Stacking 技术为例，对形变量位于 16~50 cm 的地表移动观测站点进行对比，如图 6-20 所示。

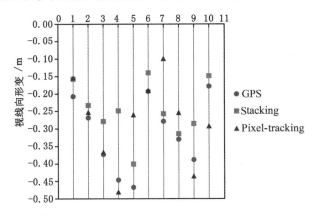

图 6-20　部分地表移动观测站点对比图

依据图 6-20 所示，对视线向下沉区间位于 [0.16，0.50] 的 10 个地表移动观测点进行精度评价，采用时序 Stacking 方法，其平均绝对偏差为 0.066 8 m，均方根误差为 0.051 7 m；采用时序 Pixel-tracking 方法，其平均绝对偏差为 0.073 6 m，均方根误差为 0.068 m。依据误差理论与测量平差原理中权的定义，采用先验定权的方法分别对 Stacking 方法和 Pixel-tracking 方法定权，Stacking 方法的权值为 0.634，Pixel-tracking 方法的权值为 0.366。针对 52304 工作面，Stacking 方法与 Pixel-tracking 方法的融合如下：

$$D = \begin{cases} D_{\text{Stacking}}, & D \geqslant -0.16 \\ 0.634 \cdot D_{\text{Stacking}} + 0.366 \cdot D_{\text{Pixel-tracking}}, & -0.5 < D < -0.16 \quad (6\text{-}6) \\ D_{\text{Pixel-tracking}}, & D \leqslant -0.5 \end{cases}$$

形变小于 0.16 m，直接采用 Stacking 方法的监测结果；形变位于 0.16 m 至 0.5 m 之间时，按一定的权值对 Stacking 监测结果和 Pixel-tracking 监测结果进行融合；大于 0.5 m 的形变，直接采用 Pixel-tracking 方法的监测结果。

6.3.2　融合结果及分析

利用小量级形变采用 Stacking 技术的监测结果，大量级形变采用 Pixel-tracking 技术的监测结果，对于中等尺度形变采用两种方法加权融合的思想对 52304 工作面视线向形变进行两种方法的融合处理，其融合后的结果如图 6-21 所示。

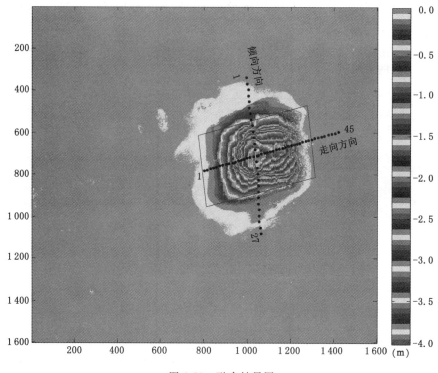

图 6-21　融合结果图

根据图 6-21 所示时序 Stacking 技术与时序 Pixel-tracking 技术融合监测结果,沿 52304 工作面走向 45 个地表移动观测站和倾向 27 个地表移动观测站分别提取融合结果与 GPS 数据进行对比,并评价其精度。图 6-22 所示为走向观测站对比图,图 6-23 所示为倾向观测站对比图。

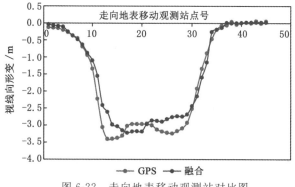

图 6-22　走向地表移动观测站对比图

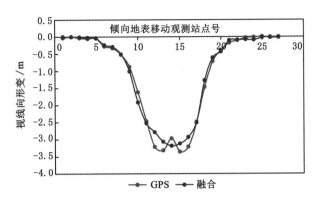

图 6-23   倾向地表移动观测站对比图

利用图 6-22 所示走向方向 45 个地表移动观测站 GPS 数据,对融合方法走向监测精度进行评价,其平均绝对偏差为 0.191 m,均方根误差为 0.189 m,最大绝对偏差为 0.792 m;利用倾向方向 27 个地表移动观测点 GPS 数据对融合方法倾向监测精度进行评价,其平均绝对偏差为 0.102 m,均方根误差为 0.111 m,最大绝对偏差为 0.427 m。采用融合方法获得的监测结果精度相对于单纯采用时序 Pixel-tracking 技术并没有明显提高,但是对于下沉盆地边缘小量级地表形变的监测能力融合方法要优于时序 Pixel-tracking 方法。在图 6-23 中,倾向方向 14 号点位有一个波动存在,这可能是由于时序 Pixel-tracking 方法在获取时序最优解时采用的是最小二乘原理,相当于对原始形变进行了一定程度的平滑。

6.3.3   利用融合结果计算概率积分参数

概率积分法是一种利用随机介质理论把岩层与地表移动过程视作一个随机过程,根据已知的地质采矿条件对地表产生的移动和变形进行计算的方法,最早由刘宝琛等人于 1965 年创建,经过 50 余年的发展,概率积分法已经成为矿山开采领域应用最广泛的方法。采用概率积分法对开采工作面地表移动变形进行预计,需要提前获取五个综合反映地质采矿条件的参数,分别是下沉系数,主要影响角正切值,拐点偏移距,水平移动系数和开采影响传播角[5, 159, 160]。传统的获取地质采矿条件的方法主要是基于地表移动观测站实测数据采用最小二乘平差的方法进行求解。随着 InSAR 技术的快速发展和 SAR 影像分辨率的提高,基于相位解缠的时序 InSAR 方法与时序 Pixel-tracking 方法融合监测矿区形变,既能精确获得开采工作面下沉盆地边缘信息,又能获得下沉盆地中心大量级形变,并且能够从面域获取到整个工作面完整的地表下沉信息。该融合方法打破了 InSAR 技术只能高精度获取下沉盆地边缘地表缓慢形变,而 Pixel-tracking 方法虽能获得大量级形变信息却不能精确获得下沉盆地边界的局限,为概率积分法参数的计算提供了一种新的选择[161]。

InSAR 技术和 Pixel-tracking 技术获取的是卫星视线向的形变,是地表三维形变在视线向的投影,而概率积分法参数计算时,采用的是竖直向形变,因此在采用时序 InSAR 技术与时序 Pixel-tracking 技术融合监测结果时,需把卫星视线向形变分解为竖直向形变。根据矿山开采地表移动规律,对于水平煤层位于下沉盆地中心的最大下沉点处只有竖直形变,因此可以认为该点卫星视线向的形变完全是由于竖直形变引起的。充分采动条件下,基于 SAR 影像的单一煤层开采下沉系数计算公式可以改写为:

$$q = \frac{D_{max}^{los}}{m \cos \alpha \cos \theta} \tag{6-7}$$

式中,q 代表下沉系数;D_{max}^{los} 代表卫星视线向最大形变值;m 代表煤层法向厚度;α 代表煤层倾角;θ 代表卫星视线向最大形变值对应的雷达入射角。

对雷达坐标几何下的时序 InSAR 技术与时序 Pixel-tracking 技术融合的监测结果进行地理编码,可以得到地理坐标下的视线向形变。主要影响角是下沉盆地拐点与考虑拐点平移距工作面边界连线与水平线在下山方向的夹角,其主要影响角正切值计算公式为:

$$\tan \beta = \frac{H}{r} \tag{6-8}$$

式中,β 表示主要影响角;H 表示采深;r 表示主要影响半径。

若要精确地计算出主要影响角正切值,核心是确定主要影响半径 r,而基于相位解缠的时序 InSAR 技术可以精确地获得下沉盆地的边界信息。

拐点是地表下沉盆地的重要特征点,决定着下沉曲线与煤柱边界的相对位置。在水平煤层条件下,在实测下沉曲线上找到下沉值为 1/2 最大下沉值的点,量出该点至工作面回采边界线的平距,即是拐点偏移距。由于在拐点位置通常发生严重的水平移动,从单一 SAR 平台视线向形变的监测结果中分解出的竖直形变并不完全准确,因此,基于单一 SAR 平台的视线向形变监测结果只能近似计算拐点偏移距。

水平移动系数是指充分采动条件下,单一煤层开采最大水平移动与最大下沉之比,即:

$$b = \frac{U_{max}}{D_{max}} \tag{6-9}$$

由于目前技术条件的限制,无论是采用基于相位解算的 MAI 技术还是方位向

Pixel-tracking 技术,只能获得沿卫星飞行方向的形变,因此,采用单一平台的 SAR 影像无法精确获得水平移动值,可采用多平台 SAR 影像联合解算的方法得到地表水平移动最大值。

开采影响传播角是与煤层是否存在倾斜有关,实测资料统计分析表明,开采影响传播角与煤层倾角存在以下关系:

$$\begin{cases} \theta = 90° - k\alpha, \alpha \leqslant 45° \\ \theta = 90° - k\alpha, \alpha > 45° \end{cases} \tag{6-10}$$

式中,k 为系数,与覆岩岩性有关,随覆岩岩性变硬,k 值增大,一般在 0.5 至 0.8 之间。

分别利用覆盖 52304 工作面 TerraSAR-X 影像时序 InSAR 与 Pixel-tracking 融合方法和基于地表移动观测站点的 GPS 数据,对概率积分法中的下沉系数、主要影响角正切值进行计算,其对比结果见表 6-2。

表 6-2　　　　　　　　　概率积分参数对比

方法	下沉系数	主要影响角正切值
融合方法	0.66	2.13
地表移动观测站	0.68	2.18

采用时序 InSAR 与 Pixel-tracking 技术进行融合的结果计算的下沉系数比地表移动观测站 GPS 监测数据计算的结果要偏小,这主要是由于 Pixel-tracking 方法监测大形变的结果偏小造成的,由于融合方法中对下沉盆地边缘小量级形变的计算采用基于相位解算的时序 InSAR 方法,能够更精确地获取到下沉盆地边界信息,采用融合方法计算的主要影响角正切值比地表移动观测站计算的值偏小,说明基于 InSAR 技术获取的下沉盆地边缘的范围更大。

6.4　本章小结

(1) 采用 11 景 TerraSAR-X 影像对大柳塔矿区 52304 工作面分别进行时序相位叠加、Stacking-InSAR、SBAS-InSAR、TCP-InSAR 四种基于相位信息的时序 InSAR 技术监测,依据地表移动观测站的 GPS 监测数据对四种时序方法的监测精度进行评价,获取到精确的下沉盆地边缘形变量。

(2) 采用时间序列小基线集 Pixel-tracking 方法对 2012 年 12 月 13 日至 2013 年 4 月 2 日的 11 景 TerraSAR-X 影像进行处理,获得了基于时序影像解算的 52304 工作面地表形变。

（3）采用基于先验方差定权的方法对时序 InSAR 技术获取的高精度下沉盆地边缘信息和时序 Pixel-tracking 方法获取的大量级地表形变信息进行融合，获得完整的下沉盆地信息。利用完整的下沉盆地信息，对概率积分法部分参数进行求取，求取的概率积分法参数与 GPS 监测结果求取的参数相近，证明了方法的可靠性。

7　MAI 技术监测矿区方位向水平移动研究

　　通常，煤炭资源的开采在引起地表沉降的同时，还伴随着地表的水平移动。基于 SAR 影像相位信息的传统差分干涉技术能够以较高的精度获取沿卫星视线方向的形变，若要获取水平移动信息则需要多平台观测数据进行联合解算；基于 SAR 影像强度信息的 Pixel-tracking 技术的出现为矿区大量级大梯度地表形变的监测提供了一种新的技术手段，该方法不但能够获取沿卫星视线向下沉信息，还能够获取方位向水平移动信息。然而，Pixel-tracking 技术的监测精度受多种因素的制约。2006 年，Bechor[94] 等人从 SAR 成像原理入手，采用带通滤波的方法进行孔径分割，提出了一种新的子孔径干涉测量方法，采用该方法可以获取到地表方位向水平移动。本章的重点在于对 MAI 技术在矿区的应用进行介绍，并与 Pixel-tracking 技术在矿区的应用进行对比。

7.1　MAI 技术的基本原理及数据方法

　　MAI 技术的核心思想是通过带通滤波的手段，把覆盖同一地区的两幅重复轨道 SLC 影像，按照多普勒频移绝对值相等的原则，分别分为前视 SLC 影像和后视 SLC 影像，通过两幅前视 SLC 影像和两幅后视 SLC 影像分别进行干涉，形成前视干涉图和后视干涉图，然后再次对前视干涉图和后视干涉图进行干涉处理，便可分离出地表目标物沿方位向的形变信息。该方法自 2006 年 Bechor 等人提出后，在地震、火山等大范围形变监测领域得到较多的应用，并取得了较好的监测效果，该方法是获取地表三维形变的重要手段之一。

7.1.1　MAI 技术原理

　　根据星载合成孔径雷达成像原理，如图 7-1 所示，卫星从 S_1 点开始对地面目标 P 进行扫描，当卫星位置位于 S_m 点时，距离目标物最近，然后开始远离目标点，至 S_n 点结束扫描。由于合成孔径雷达是通过卫星天线的不断向前运动来实现孔径合成的，因此，当卫星从 S_1 点飞至 S_m 点时，卫星和地面目标物之间的距离是逐渐缩小的，卫星天线接收到的地面目标物回波信号的多普勒频移为正值；卫星从 S_m 点至 S_n 点的过程中，卫星和地面目标物之间的距离逐渐增大，卫星天线接收到的地面目标物回波信号的多普勒频移为负值；卫星在 S_m 点时的多普勒频移为零,即多普勒中心。

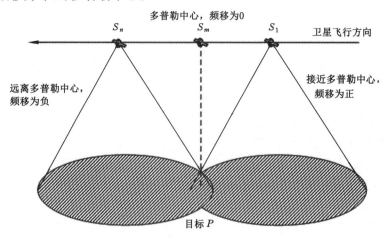

图 7-1　合成孔径雷达多普勒频移原理

　　如图 7-2 所示,θ_{SQ} 表示法线与雷达视线方向的夹角,α 表示雷达天线波束宽度。根据地面目标物 P 在卫星成像的不同时刻在雷达波束中的位置不同,可以将其分为前视(S_1 位置)和后视(S_n 位置)。我们依据合成孔径雷达的多普勒频移的正负将其进行分离:将整个波束部分的前视部分的一部分提取出来作为前视影像,将整个波束部分的后视部分的一部分提取出来作为后视影像。将地表形变发生前后的两张前视雷达影像进行干涉,则形成前视干涉图;将地表形变发生前后的两张后视雷达影像进行干涉,则形成后视干涉图。为便于描述,引入 β

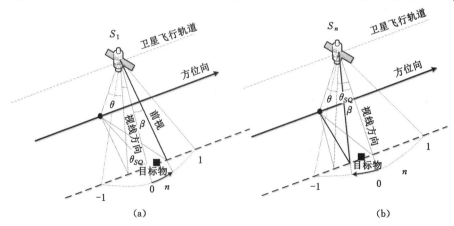

图 7-2　同一目标物前后视覆盖示意图

（a）前视覆盖；(b) 后视覆盖

来表示从雷达波束中提取的部分占整个波束 n 的大小,即:

$$\beta = \frac{\alpha}{2} \cdot n, n \subset (0,1) \tag{7-1}$$

在前、后视干涉图中,干涉图中的相位如式(2-4)所示,其组成成分主要是由地平相位、地形相位、地表形变相位及各种噪声因素。由于前、后视干涉图的垂直基线近似相等,所以其地平相位和地形相位近似相等。由于前、后视影像成像时间十分接近,在雷达波穿越大气层时其受到的大气噪声干扰也基本相同,因此,通过前视干涉图和后视干涉图再次进行干涉,我们就可以获取卫星两次成像期间地表的形变信息。由于卫星获取的形变信息是方位向和垂直方向的,而在前、后视两次干涉中,都能捕获垂直向形变,且垂直向形变是基本相等的,因此,通过对前、后视差分干涉图再次进行干涉处理,便可获取在卫星两次成像期间方位向形变量。由雷达成像的空间几何关系知:

$$\varphi_{\text{forward}} = -\frac{4\pi x}{\lambda}\sin(\theta_{SQ} + \frac{\alpha}{2}n) \tag{7-2}$$

$$\varphi_{\text{backward}} = -\frac{4\pi x}{\lambda}\sin(\theta_{SQ} - \frac{\alpha}{2}n) \tag{7-3}$$

式(7-2)与式(7-3)相减可得:

$$\varphi_{\text{MAI}} = \varphi_{\text{forward}} - \varphi_{\text{backward}} = -\frac{4\pi x}{\lambda} \cdot 2 \cdot \sin(\frac{\alpha n}{2})\cos\theta_{SQ} \tag{7-4}$$

由于 α 和 θ_{SQ} 极小,所以:

$$\begin{cases} \sin(\frac{\alpha}{2}n) \approx \frac{\alpha}{2}n \\ \cos\theta_{SQ} \approx 1 \end{cases} \tag{7-5}$$

又知:

$$\alpha \approx \frac{\lambda}{l} \tag{7-6}$$

式中,λ 表示雷达波的波长;l 表示天线长度。

于是可得到 MAI 相位与方位向形变 x 之间的关系:

$$\varphi_{\text{MAI}} = \frac{4n\pi}{l}x \tag{7-7}$$

7.1.2 MAI 技术数据处理流程

MAI 技术的核心思想是将一幅 SLC 影像通过带通滤波的方式分为前视影像和后视影像[95]。如图 7-3 所示,依据雷达卫星成像的参数,我们可以先得到主影像的多普勒中心频率 $f_{DC,m}$ 和副影像的多普勒中心频率 $f_{DC,s}$,以及两者之间的有效多普勒带宽 Δf_D,两者的平均多普勒中心频率为:

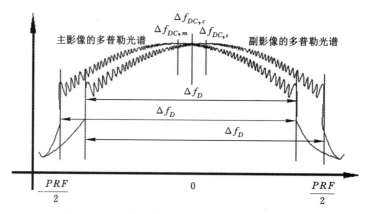

图 7-3　主、副影像的多普勒中心及其波谱范围

$$f_{DC,c} = \frac{f_{DC,m} + f_{DC,s}}{2} \tag{7-8}$$

经过公共带宽滤波之后,两者公共有效多普勒带宽为:

$$\Delta f_D{}' = \Delta f_D - \left| f_{DC,m} - f_{DC,s} \right| \tag{7-9}$$

由此可以计算出主、副影像的前、后视中心频率,如图 7-4 所示。

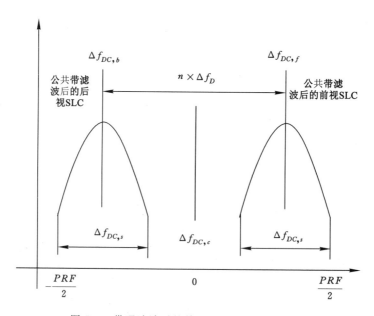

图 7-4　带通滤波后的前、后视影像多普勒频移

$$f_{DC,f} = f_{DC,c} + n\frac{\Delta f_D}{2} \tag{7-10}$$

$$f_{DC,b} = f_{DC,c} - n\frac{\Delta f_D}{2} \tag{7-11}$$

式中，$f_{DC,f}$ 代表前视干涉图的多普勒中心频率；$f_{DC,b}$ 代表后视干涉图的多普勒中心频率；n 代表多普勒带宽占整个有效带宽比的系数，其取值通常依赖于以下三个原则：

（1）所取范围是主、副影像都包含的；

（2）前、后视干涉图多普勒频率范围不能重叠；

（3）主、副影像的有效多普勒带宽使用最大化。

采用带通滤波的方法获得主、副影像的前、后视 SLC 影像后，利用主影像和副影像的前视 SLC 进行干涉，形成前视影像干涉图；利用主、副影像的后视 SLC 进行干涉，形成后视影像干涉图，前视影像干涉图与后视影像干涉图再次进行干涉处理，所得结果即为 MAI 干涉图。再对 MAI 干涉图进行滤波和解缠处理后，即可获得方位向形变信息，其具体处理流程如图 7-5 所示。

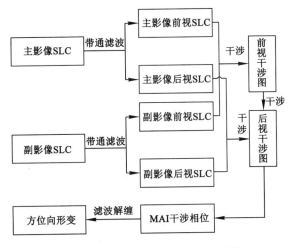

图 7-5　MAI 技术数据处理流程图

7.2　MAI 技术监测精度分析

MAI 技术通过前、后视影像干涉图再次进行干涉处理获取 MAI 干涉图，然后基于相位解缠的方法获取到地面目标物方位向形变信息。因此，影响 MAI 技术监测精度的因素有很多，比如时间失相干、大气噪声、轨道误差、热噪声等等。

其中,两幅影像的相干性是关系到提取形变结果成败的关键因素。通常,采用多视处理的方式以牺牲影像空间分辨率为代价来抑制失相干因素的影响,提升影像的相干性,但对于矿区形变的监测而言,过大的多视处理会造成形变信息的较难提取,这主要是由于煤矿开采工作面相对比较小,形变影响范围有限,对于中等分辨率的 SAR 影像,过大的多视处理不适合在矿区应用。

7.2.1　MAI 技术理论监测精度分析

由误差传播定律根据式(7-7)表达的方位向形变与干涉相位之间的关系可知:

$$\delta_x = \frac{l}{4\pi n}\delta_{\varphi,\mathrm{MAI}} \tag{7-12}$$

式中,δ_x 和 $\delta_{\varphi,\mathrm{MAI}}$ 分别代表方位向形变误差和相位误差,而相位误差可由下式估算得到:

$$\delta_{\varphi,\mathrm{MAI}} = \sqrt{\delta_{\varphi,f}^2 + \delta_{\varphi,b}^2 - 2\delta_{\varphi,fb}^2} \tag{7-13}$$

式中,$\delta_{\varphi,f}^2$ 和 $\delta_{\varphi,b}^2$ 分别表示前视干涉图的相位方差和后视干涉图的相位方差,$\delta_{\varphi,fb}^2$ 表示两者的协方差。其标准差 $\delta_{\varphi,f}$ 由最大释然估计估算得出:

$$\delta_{\varphi,f} \approx \frac{1}{\sqrt{2N_L}}\frac{\sqrt{1-\gamma^2}}{\gamma} \tag{7-14}$$

式中,N_L 代表多视处理的视数;γ 代表主、副影像总的相关性。

由于前后视干涉图产生于独立的信号,因此,前、后视影像的协方差近似为 0,且前视干涉图相位方差近似等于后视干涉图相位方差,则式(7-13)可近似表达为:

$$\delta_{\varphi,\mathrm{MAI}} \approx \frac{1}{\sqrt{N_L}}\frac{\sqrt{1-\gamma^2}}{\gamma} \tag{7-15}$$

7.2.2　MAI 技术监测矿区形变精度主要影响因素分析

矿区形变通常具有下沉量级大、形变影响的范围相对较小的特点,而矿区开采工作面的地表通常有一定的植被覆盖,这种情况下会严重影响两景 SAR 影像干涉图的质量。而对于 MAI 技术而言,前、后视干涉图的相干性质量的高低是决定该技术能否应用于矿区形变监测的关键。为了降低前、后视干涉图中各种噪声源的干扰,提升相干图的相干性,通常采用多视处理的方法以牺牲影像的空间分辨率为代价来增强影像的相干性,而由于矿区单一工作面开采地表影响的范围有限,通常 SAR 影像的空间分辨率在 3～5 m,如果进行多视处理的参数设置过大的话,会造成地表形变信息的较难提取,这是 MAI 技术监测矿区形变比监测形变影响范围较大的地震、火山喷发等重大自然灾害更难以应用的重要原因之一。

图 7-6 所示为在不同平均相干性水平条件下,多视视数与方位向形变精度之间的关系。由该图可知,在同一相干性水平条件下,随着多视视数的增加,方位向形变的监测精度逐渐提高;在相同多视视数的条件下,随着影像平均相干性的提高,方位向形变的监测精度逐渐提高。矿区由于地表复杂的植被覆盖和较严重的时间失相干因素的干扰,通常影像的平均相干性较低,而提高影像的相干性和方位向监测精度可以采用增加多视视数的方法,但是由于工作面的影响范围较小,过大的多视处理会严重压缩工作面地表形变的空间分辨率。解决这个问题的方法目前主要是采用长波长的 SAR 传感器来降低时间失相干噪声的影响;采用高空间分辨率的 SAR 影像来提升形变的空间分辨率;采用多次滤波的方法提升影像的整体相干性。

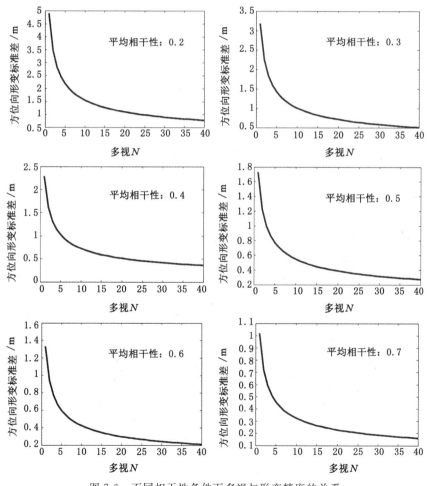

图 7-6　不同相干性条件下多视与形变精度的关系

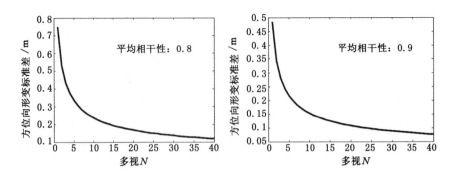

续图 7-6　不同相干性条件下多视与形变精度的关系

7.3　MAI 与 Pixel-tracking 方法监测方位向形变对比分析

MAI 技术主要是基于相位解缠的思想,利用两次干涉相位信息来获取地表方位向形变的信息,其监测精度主要受 SAR 影像的相干性和进行多视处理时视数的选取有关;Pixel-tracking 技术在获取地表方位向形变信息时不需要进行相位解缠,其核心思想是利用两期 SAR 影像强度信息的互相关正则化,其监测精度主要受影像的像元尺寸的大小、互相关窗口的大小、地表的相似性等因素的影响。为验证两种方法监测矿区因煤炭开采引起的地表方位向形变的有效性,针对大柳塔矿区 52304 工作面,采用 TerraSAR-X 雷达影像进行试验。

7.3.1　MAI 技术监测矿区方位向形变试验

在本小节中,不对研究区域进行过多介绍,关于研究区域概况在前面章节已进行了详细说明。针对大柳塔矿区 52304 工作面,采用 10 景 TerraSAR-X 影像进行 MAI 技术处理,为减弱影像的各种噪声干扰,提升影像的平均相干性同时保证影像具有一定的空间分辨率,分别对影像距离向和方位向采用了 12∶12 的多视比例。

图 7-7 所示为采用 MAI 技术以 11 d 为观测周期监测大柳塔矿区 52304 工作面在开采过程中形成的地表方位向移动形变信息。由于在相位解缠的时候需要选取参考点作为解算点,而每个监测周期内选的参考点虽不同,但均为没有发生形变的点,为方便显示,在图 7-7 中显示的为相位解缠之后的形变相位。由图 7-7 可知,在进行多视处理后,采用 MAI 技术能够捕捉到剧烈采煤引起的大量级地表形变的方位向移动。在采动剧烈期,通过 MAI 技术能够明显地观察出方位向地表移动的特征,即由两端向开采工作面的中心移动,这与开采沉陷规律是完全相符合的。

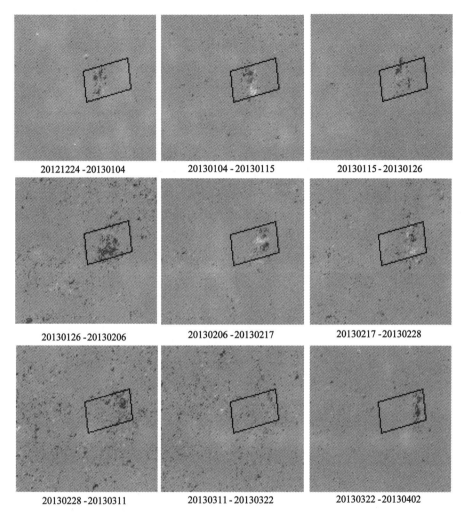

20121224 - 20130104　　20130104 - 20130115　　20130115 - 20130126

20130126 - 20130206　　20130206 - 20130217　　20130217 - 20130228

20130228 - 20130311　　20130311 - 20130322　　20130322 - 20130402

图 7-7　基于 MAI 技术的方位向形变相位图

由图 7-7 可知,随着开采工作面的向前推进,工作面上方地表形变的范围和量级也在发生变化。这种变化与 52304 工作面开采采用的技术工艺和地表移动参数有关。从图中可以看出,2013 年 1 月 4 日至 2013 年 1 月 15 日共 11 d 的时间间隔周期内,方位向地表形变表现出由两端向开采工作面中心运动的特征。为了最大限度地约束失相干噪声的干扰和保证影像具有合适的空间分辨率,采用多视处理和自适应滤波的方法。为了验证相干性对 MAI 技术提取形变信息的影响,采用归一化的方法对每一幅干涉图进行了相干性统计分析,并计算其相干性均值和标准差,其统计结果如图 7-8 所示。

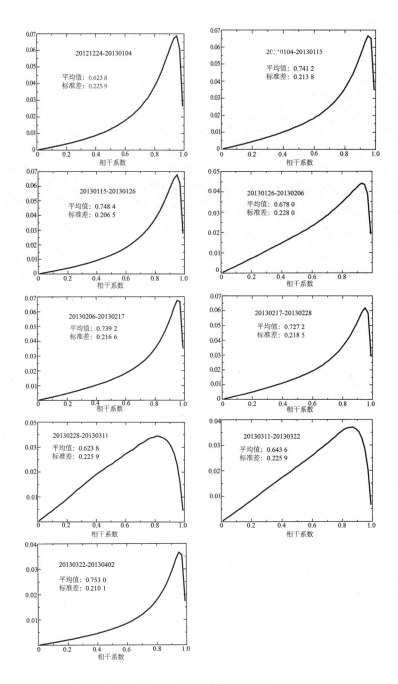

图 7-8 相干系数统计图

相干性是影响MAI技术监测精度的关键因素,高的相干性意味着较高的监测精度。结合图7-7和图7-8分析可知,在图7-7中,噪声扰动明显的干涉图恰恰对应的是图7-8中平均相干性较低且标准差较高的,例如2013年1月26日和2013年2月6日的干涉图,2013年2月28日至2013年3月22日的两景干涉图。

7.3.2 Pixel-tracking技术监测矿区方位向形变实验

采用2012年12月24日至2013年4月2日之间的10景覆盖大柳塔矿区52304工作面的TerraSAR-X影像,采用固定互相关窗口的Pixel-tracking方法按照时间顺序分别对相邻的两景TerraSAR-X影像进行Pixel-tracking处理获取方位向地表形变。其方位向地表移动监测结果如图7-9所示。

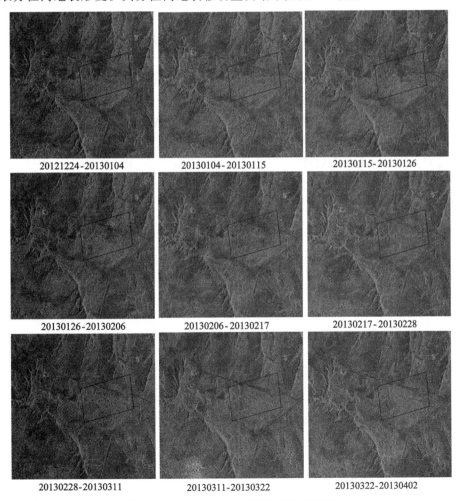

20121224-20130104 20130104-20130115 20130115-20130126

20130126-20130206 20130206-20130217 20130217-20130228

20130228-20130311 20130311-20130322 20130322-20130402

图7-9 Pixel-tracking监测方位向形变图

由于缺少与卫星过境时间同步的地表移动观测站监测 GPS 数据,我们不能直接对 Pixel-tracking 技术以 11 d 为观测周期的监测结果进行精度评定,但与 MAI 技术的监测结果进行交叉验证可知,Pixel-tracking 技术监测方位向地表形变的趋势与 MAI 技术的监测结果一致。由第五章可知采用时序小基线集 Pixel-tracking 方法获取长时间序列的方位向形变的监测精度为 0.221 m,根据干涉图中的平均相干性,采用多视视数为 12 的参数依据 MAI 技术的理论监测精度估算公式(7-13)可知,MAI 技术的监测精度为 0.2~0.3 m。

7.4　本章小结

（1）对 MAI 技术的基本原理进行详细介绍,在此基础之上给出了详细的 MAI 技术数据处理流程。

（2）对 MAI 技术的监测精度从理论公式方面进行了推导,结合矿区实际分析了该技术在矿区形变监测中应用的局限性。

（3）针对大柳塔矿区 52304 工作面,分别采用 MAI 技术与 Pixel-tracking 技术进行监测,并针对监测结果进行交叉验证,证明了这两种方法在 52304 工作面监测方位向形变的有效性。

8　结论和展望

中国是煤炭生产和消费大国,大量的煤炭资源开采带来一系列的环境和地质灾害问题。加强对矿区因煤炭资源开采引起的地表形变的监测,对于矿区生态环境修复和灾害预防及管理具有重要意义。InSAR 技术的出现为矿区形变监测提供了一种新的技术,然而由于形变梯度的局限性,基于相位解缠的 InSAR 技术很难有效获取开采过程中整个下沉盆地的地表形变。基于 SAR 影像强度信息的 Pixel-tracking 技术的出现为矿区大量级大梯度形变的监测提供了一种新的技术手段。本书重点研究基于 Pixel-tracking 技术的矿区大梯度、大量级地表形变的监测,并取得一定的研究成果。同时针对矿区方位向形变,分别采用 MAI 技术和 Pixel-tracking 技术进行了交叉验证试验,证明了两种方法的有效性。

8.1　结　　论

针对基于 SAR 影像强度信息 Pixel-tracking 方法监测矿区大梯度、大量级地表形变问题进行比较深入的研究,取得一定的研究结果,总结归纳如下:

(1) 利用概率积分法地表移动预计模型模拟不同地质采矿条件下引起的不同量级的地表形变,把模拟的形变加入三种不同像元尺寸的 SAR 影像强度信息中,研究了互相关窗口大小、像元尺寸大小、互相关系数内插因子等因素对 Pixel-tracking 方法监测精度的影响。发现过小的互相关窗口会造成像元误匹配现象严重,过大的互相关窗口会造成下沉盆地的"形变压缩"现象;像元尺寸越小越利于 Pixel-tracking 方法监测精度的提高;互相关系数内插因子理论上越高越好,实际中 8 倍内插因子已经足够。

(2) 在分析研究过大的互相关窗口造成下沉盆地"形变压缩"现象原因的基础上,对 SNR 进行重新定义,依据矿区形变特征,对互相关系数峰值匹配位置进行约束,极大地减少了像元误匹配出现的概率;基于重新定义的 SNR,通过在一定的区间内变换窗口步长寻找 SNR 最大值,SNR 最大值对应互相关窗口即为最优互相关窗口,基于最优互相关窗口对矿区形变进行监测,该方法为局部自适应窗口 Pixel-tracking 方法。通过采用 Radarsat-2 影像监测大柳塔矿 52304

工作面地表形变,证明了该方法相对于固定互相关计算窗口的 Pixel-tracking 方法能够明显提高监测精度。

(3) 利用时间序列 SAR 影像强度阈值和标准差阈值双阈值约束的方法,对 SAR 影像中影像强度保持稳定的点进行初步筛选,按照均匀分布原则和避免采空区影响原则,对初选稳定点进行精炼,根据精炼后的稳定点下沉信息,采用最小二乘多项式曲面拟合方法对 Pixel-tracking 方法监测结果中的轨道误差、大气误差及部分地形误差进行削弱;依据稳定点的残差,引入外部 DEM 数据,基于高程信息进行二次多项式拟合,削弱地形因素对 Pixel-tracking 方法监测精度的影响,并采用 52304 工作面地表实测数据验证了方法的可靠性。

(4) 采用 SBAS-InSAR 思想对 Pixel-tracking 方法的监测结果按照一定的时、空基线约束进行组合,采用观测时段的形变量代替平均形变速率进行解算,获得每个观测时段的最优解,结合工作面开采速度和地表移动观测站 GPS 数据,对小基线集 Pixel-tracking 方法得到的时序形变结果进行分析,证明了时序小基线集 Pixel-tracking 方法能满足监测的精度要求。

(5) 根据 Pixel-tracking 方法既可以监测卫星视线向形变又可以获取方位向形变的特点,采用 TerraSAR-X 卫星和 Radarsat-2 卫星两个不同平台的时序 SAR 影像 Pixel-tracking 监测结果进行联合解算,获得 52304 工作面下沉盆地三维形变场,并根据地表移动观测站实测数据,对基于 Pixel-tracking 方法联合解算获取的三维形变场监测精度进行评定。

(6) 采用四种时间序列 InSAR 方法对 52304 工作面地表下沉盆地边缘小量级形变进行监测,通过地表移动实测资料比较分析评价了四种时序 InSAR 方法监测矿区小量级形变的精度;采用时序小基线集 Pixel-tracking 技术对 52304 工作面大量级、大梯度形变进行监测,依据先验方差定权思想,对时序 InSAR 方法的监测结果和时序 Pixel-tracking 方法的监测结果进行融合,获得了准确的地表形变结果及概率积分法预测参数。

(7) 基于孔径分割的 MAI 技术其监测精度主要受失相干和多视视数的影响,由于矿区形变具有影响范围小的特点,过大的多视参数会严重损害影像的空间分辨率,而矿区地表覆盖复杂,失相干因素明显,因此采用 MAI 技术很难获取高精度的监测结果,但能从整体趋势上进行监测。

8.2 创 新 点

(1) 提出一种局部自适应互相关计算窗口的 Pixel-tracking 方法。采用 Pixel-tracking 方法监测矿区大梯度、大量级形变时,过大互相关窗口会造成下沉盆地"形变压缩",过小窗口会造成像元的误匹配。采用约束半径对互相关系数峰值匹配位置进行约束,减少像元误匹配出现的概率;对 SNR 进行重新定义,以 SNR 最大化为原则寻找最优窗口,按照自适应窗口原理逐像元进行遍历计算,获得整个研究区域监测结果,采用 GPS 数据进行精度检验,证明自适应窗口 Pixel-tracking 方法的有效性。

（2）提出一种基于 DEM 数据进行地形影响改正的 Pixel-tracking 方法。基于时序 SAR 影像强度信息筛选出稳定点,根据稳定点形变信息采用多项式拟合的方法削弱轨道误差、大气效应的影响;基于稳定点的残差,引入 DEM 高程信息,根据地形起伏的程度,采用二次多项式拟合的方法削弱地形因素对 Pixel-tracking 方法监测结果的影响,从而提高监测精度。

（3）基于时序 SAR 影像小基线集 Pixel-tracking 技术,提出一种利用两平台监测数据联合解算获取大梯度三维形变的模型。时序小基线集 Pixel-tracking 方法能够获取稳定的距离向形变和方位向形变结果,利用高分辨 SAR 影像得到的方位向形变监测结果近似求出南北向形变,联合两个平台的距离向形变结果进行解算,得到竖直方向形变和东西方向形变。

（4）基于先验方差定权对时序 InSAR 方法与时序 Pixel-tracking 方法进行融合,获取下沉盆地完整的形变信息,并计算开采沉陷部分参数。

8.3　展　　望

基于 SAR 影像强度互相关正则化的 Pixel-tracking 方法能够监测矿区大梯度、大量级形变,但该方法受像元尺寸、互相关窗口大小等因素的影响较大。局部自适应互相关窗口 Pixel-tracking 方法的提出解决了窗口选择不合适造成的监测精度较低的问题,但针对矿区大梯度、大量级形变监测,仍然有以下几个方面需要深入研究:

（1）优化自适应互相关窗口 Pixel-tracking 算法,提高运算效率,降低运算时间。自适应窗口 Pixel-tracking 方法的最大弊端就是运算量巨大,运行效率低,通过对算法进行优化,引入并行运算,提升运算效率,将大大提高方法的适用性。

（2）研究时序 InSAR 技术与时序 Pixel-tracking 技术监测结果的有效融合。基于相位信息的时序 InSAR 技术能够高精度监测下沉盆地边缘缓慢地表形变,时序 Pixel-tracking 技术能够以一定的监测精度获取大量级、大梯度形变,在缺乏地表实测验证数据的情况下,如何对二者的监测结果进行有效融合,获取更加完整的地表形变信息是需要下一步进行深入研究的问题。

（3）针对大柳塔矿区 52304 工作面方位向地表形变监测，MAI 技术与 Pixel-tracking 技术的监测精度基本是一致的，采用何种数据融合方法让二者的监测结果有效结合相互补充也是下一步研究的重点。

参 考 文 献

[1] 谢和平，钱鸣高，彭苏萍,等.煤炭科学产能及发展战略初探[J].中国工程科学，2011,13(6):44-50.

[2] 吴侃.矿山开采沉陷监测及预测新技术[M].北京:中国环境科学出版社,2012.

[3] 胡振琪.土地复垦与生态重建[M].徐州:中国矿业大学出版社,2008.

[4] 缪协兴，钱鸣高.中国煤炭资源绿色开采研究现状与展望[J].采矿与安全工程学报，2009,26(1):1-14.

[5] 邓喀中.变形监测及沉陷工程学[M].徐州:中国矿业大学出版社,2014.

[6] 廖明生，王腾.时间序列 InSAR 技术与应用[M].北京:科学出版社,2014.

[7] 何秀凤，何敏.InSAR 对地观测数据处理方法与综合测量[M].北京:科学出版社,2012.

[8] 刘国祥.永久散射体雷达干涉理论与方法[M].北京:科学出版社,2012.

[9] 舒宁.雷达影像干涉测量原理[M].武汉:武汉大学出版社,2003.

[10] Gabriel A K, Goldstein R M, Zebker H A. Mapping small elevation changes over large areas: differential radar interferometry[J]. Journal of Geophysical Research Atmospheres，1989,94(B7):9183-9191.

[11] Carnec C, Massonnet D, King C. Two examples of the use of SAR interferometry on displacement fields of small spatial extent[J]. Geophysical Research Letters，1996,23(24):3579-3582.

[12] Wright P A. Detection and measurement of mining subsidence by SAR interferometry: Radar Interferometry[C],1997.

[13] Perski Z. Applicability of ERS-1 and ERS-2 InSAR for land subsidence monitoring in the Silesian coal mining region, Poland[J]. 1998.

[14] Wegmuller U, Strozzi T, Werner C,et al. Monitoring of mining-induced surface deformation in the Ruhrgebiet (Germany) with SAR interferometry: Geoscience and Remote Sensing Symposium[C], 2000.

[15] Carnec C, Delacourt C. Three years of mining subsidence monitored by SAR interferometry, near Gardanne, France[J]. Journal of Applied Geo-

physics，2000，43（1）：43-54.

[16] Spreckels V，Wegmüller U，Strozzi T，et al. Detection and observation of underground coal mining-Induced surface deformation with differential SAR interferometry[J]. 2001.

[17] Ge L，Rizos C，Han S，et al. Mining subsidence monitoring using the combined In SAR and GPS approach[J]. Proceedings of Fig International Symposium on Deformation Measurements，2001：1-10.

[18] Raucoules D，Maisons C，Carnec C，et al. Monitoring of slow ground deformation by ERS radar interferometry on the Vauvert salt mine（France）：Comparison with ground-based measurement[J]. Remote Sensing of Environment，2003，88（4）：468-478.

[19] Strozzi T，Wegmuller U，Werner C L，et al. JERS SAR interferometry for land subsidence monitoring[J]. IEEE Transactions on Geoscience & Remote Sensing，2003，41（7）：1702-1708.

[20] Jarosz A，Wanke D. Use of InSAR for Monitoring of Mining Deformations[J]. Proc of Fringe Workshop，2004，550.

[21] Kircher M，Hoffmann J，Roth A，et al. Application of Permanent Scatterers on Mining-Induced Subsidence[J]. 2003.

[22] Author C C C，Le Mouelic S，Bennani M，et al. Detection of mining related ground instabilities using the Permanent Scatterers technique—a case study in the east of France[J]. International Journal of Remote Sensing，2005，26（1）：201.

[23] Chul J H，Min K D. Observing coal mining subsidence from JERS-1 permanent scatterer analysis[C]. Geoscience and Remote Sensing Symposium，2005.

[24] Jung H C，Kim S W，Jung H S，et al. Satellite observation of coal mining subsidence by persistent scatterer analysis[J]. Engineering Geology，2007，92（1）：1-13.

[25] Jin B，Kim S W，Park H J，et al. Analysis of ground subsidence in coal mining area using SAR interferometry[J]. Geosciences Journal，2008，12（3）：277-284.

[26] Ng H M，Chang H C，Ge L，et al. Assessment of radar interferometry performance for ground subsidence monitoring due to underground mining[J]. Earth，Planets and Space，2009，61（6）：733-745.

[27] Ng A H，Ge L，Zhang K，et al. Deformation mapping in three dimensions for underground mining using InSAR—Southern highland coalfield in New South Wales， Australia［J］. International Journal of Remote Sensing，2011,32(22):7227-7256.

[28] Bhattacharya A，Arora M K，Sharma M L. Usefulness of synthetic aperture radar（SAR）interferometry for digital elevation model（DEM）generation and estimation of land surface displacement in Jharia coal field area［J］. Geocarto International，2012,27(1):57-77.

[29] Cuenca M C，Hooper A J，Hanssen R F. Surface deformation induced by water influx in the abandoned coal mines in Limburg，The Netherlands observed by satellite radar interferometry［J］. Journal of Applied Geophysics，2013,88(1):1-11.

[30] Samsonov S，D Oreye N，Smets B. Ground deformation associated with post-mining activity at the French-German border revealed by novel InSAR time series method［J］. International Journal of Applied Earth Observation & Geoinformation，2013,23(8):142-154.

[31] Liu D，Shao Y，Liu Z，et al. Evaluation of InSAR and TomoSAR for Monitoring Deformations Caused by Mining in a Mountainous Area with High Resolution Satellite-Based SAR［J］. Remote Sensing，2014,6(2):1476-1495.

[32] Graniczny M，Colombo D，Kowalski Z，et al. New results on ground deformation in the Upper Silesian Coal Basin（southern Poland）obtained during the DORIS Project（EU-FP 7）［J］. Pure and Applied Geophysics，2015,172(11):1-14.

[33] Przyłucka M，Herrera G，Graniczny M，et al. Combination of Conventional and Advanced DInSAR to Monitor Very Fast Mining Subsidence with TerraSAR-X Data：Bytom City（Poland）［J］. Remote Sensing，2015,7(5):5300-5328.

[34] 姜岩，高均海. 合成孔径雷达干涉测量技术在矿山开采地表沉陷监测中的应用［J］. 矿山测量，2003(1):5-7.

[35] 吴立新，高均海，葛大庆，等. 基于 D-InSAR 的煤矿区开采沉陷遥感监测技术分析［J］. 地理与地理信息科学，2004,20(2):22-25.

[36] WU Li-Xin，Gao Jun-Hai，G Da-Qing E，et al. Experimental study on surface subsidence monitoring with D-InSAR in mining area［J］. Journal

of Northeastern University，2005,26(8):778-782.

[37] 丁建全.基于 D-InSAR 技术的地下开挖空间分析[D].青岛:山东科技大学,2006.

[38] 李晶晶,郭增长. 浅析 D-InSAR 在煤矿开采沉陷监测中的应用[J]. 矿山测量，2006(2):79-81.

[39] 独知行,阳凡林,刘国林,等. GPS 与 InSAR 数据融合在矿山开采沉陷形变监测中的应用探讨[J]. 测绘科学，2007,32(1):55-57.

[40] 董玉森,Ge L,Chang H,等. 基于差分雷达干涉测量的矿区地面沉降监测研究[J]. 武汉大学学报(信息科学版)，2007(10):888-891.

[41] 张继超,宋伟东,张继贤,等. PS-DInSAR 技术在矿区地表形变测量中的应用探讨[J]. 测绘通报，2008(08):45-47.

[42] 张景发,郭庆十,龚利霞. 应用 InSAR 技术测量矿山沉降与变化分析——以河北武安矿区为例[J]. 地球信息科学学报，2008,10(5):651-657.

[43] 杨成生.基于 D-InSAR 技术的煤矿沉陷监测[D].西安:长安大学,2008.

[44] Liu G L，Zhang L P，Cheng S,et al. Feasibility Analysis of Monitoring Mining Surface Substance Using InSAR/GPS Data Fusion[J]. Bulletin of Surveying & Mapping，2005,46(3):241.

[45] Ge D，Wang Y，Hu Q,et al. Using Small Baseline SAR Interferometry to Investigate Land Subsidence Induced by Underground Coal Mining [C]. IEEE International Geoscience & Remote Sensing Symposium，Boston，Massachusetts，USA，2008.

[46] 陶秋香.PS InSAR 关键技术及其在矿区地面沉降监测中的应用研究[D].青岛:山东科技大学,2010.

[47] 何建国.长时序星载 InSAR 技术的煤矿沉陷监测应用研究[D].北京:中国矿业大学(北京),2010.

[48] 邓喀中,姚宁,卢正,等. D-InSAR 监测开采沉陷的实验研究[J]. 金属矿山，2009(12):25-27.

[49] 阎跃观.DInSAR 监测地表沉陷数据处理理论与应用技术研究[D].北京:中国矿业大学(北京),2010.

[50] 范洪冬.InSAR 若干关键算法及其在地表沉降监测中的应用研究[D].徐州:中国矿业大学,2010.

[51] 盛耀彬.基于时序 SAR 影像的地下资源开采导致的地表形变监测方法与应用[D].徐州:中国矿业大学,2011.

[52] 朱建军,邢学敏,胡俊,等. 利用 InSAR 技术监测矿区地表形变[J]. 中国

有色金属学报，2011,21(10):2564-2576.

[53] 闫大鹏.基于 D-InSAR 技术监测云驾岭煤矿区开采沉陷的应用研究[D].北京:中国地质大学(北京),2011.

[54] 邢学敏.CRInSAR 与 PSInSAR 联合监测矿区时序地表形变研究[D].长沙:中南大学,2011.

[55] Zhao C Y, Zhang Q, Yang C, et al. Integration of MODIS data and Short Baseline Subset (SBAS) technique for land subsidence monitoring in Datong, China[J]. Journal of Geodynamics, 2011,52(1):16-23.

[56] Zhang Z, Wang C, Tang Y, et al. Analysis of ground subsidence at a coal-mining area in Huainan using time-series InSAR[J]. International Journal of Remote Sensing, 2015,36(23):5790-5810.

[57] 陈炳乾.面向矿区沉降监测的 InSAR 技术及应用研究[D].徐州:中国矿业大学,2015.

[58] 刘万利.容积卡尔曼滤波相位解缠方法相关问题研究[D].徐州:中国矿业大学,2016.

[59] Dong S, Samsonov S, Yin H, et al. Spatio-temporal analysis of ground subsidence due to underground coal mining in Huainan coalfield, China [J]. Environmental Earth Sciences, 2015,73(9):5523-5534.

[60] 杨泽发,易辉伟,朱建军,等.基于 InSAR 时序形变的矿区全盆地沉降时空演化规律分析[J].中国有色金属学报,2016,26(7):1515-1522.

[61] Gray A L, Mattar K E, Vachon P W, et al. InSAR results from the RADARSAT Antarctic Mapping Mission data: estimation of glacier motion using a simple registration procedure [C]. Geoscience and Remote Sensing Symposium Proceedings, 1998.

[62] Michel R, Avouac J P, Taboury J. Measuring ground displacements from SAR amplitude images: Application to the Landers Earthquake[J]. Geophysical Research Letters, 1999,26(7):875-878.

[63] Strozzi T, Luckman A, Murray T, et al. Glacier motion estimation using SAR offset-tracking procedures[J]. IEEE Transactions on Geoscience and Remote Sensing, 2002,40(11):2384-2391.

[64] Pritchard H. Glacier surge dynamics of Sortebræ, east Greenland, from synthetic aperture radar feature tracking[J]. Journal of Geophysical Research, 2005,110(F3).

[65] Elliott J L, Freymueller J T, Rabus B. Coseismic deformation of the 2002

Denali fault earthquake: Contributions from synthetic aperture radar range offsets[J]. Journal of Geophysical Research, 2007,112(B6).

[66] Strozzi T, Kouraev A, Wiesmann A, et al. Estimation of Arctic glacier motion with satellite L-band SAR data[J]. Remote Sensing of Environment, 2008,112(3):636-645.

[67] Luckman A, Quincey D, Bevan S. The potential of satellite radar interferometry and feature tracking for monitoring flow rates of Himalayan glaciers[J]. Remote Sensing of Environment, 2007,111(2-3):172-181.

[68] Liu H, Wang L, Tang S, et al. Robust multi-scale image matching for deriving ice surface velocity field from sequential satellite images[J]. International Journal of Remote Sensing, 2012.

[69] Erten E, Reigber A, Hellwich O, et al. Glacier Velocity Monitoring by Maximum Likelihood Texture Tracking[J]. IEEE Transactions on Geoscience and Remote Sensing, 2009,47(2):394-405.

[70] Kumar V, Venkataraman G, Høgda K A, et al. Estimation and validation of glacier surface motion in the northwestern Himalayas using high-resolution SAR intensity tracking[J]. International Journal of Remote Sensing, 2013,34(15):5518-5529.

[71] Casu F, Manconi A, Pepe A, et al. Deformation time-series generation in areas characterized by large displacement dynamics: The SAR Amplitude Pixel-Offset SBAS Technique[J]. IEEE Transactions on Geoscience and Remote Sensing, 2011,49(7):2752-2763.

[72] Debella-Gilo M, Kääb A. Locally adaptive template sizes for matching repeat images of Earth surface mass movements[J]. Journal of Photogrammetry and Remote Sensing, 2012,69:10-28.

[73] Singleton A, Li Z, Hoey T, et al. Evaluating sub-pixel offset techniques as an alternative to D-InSAR for monitoring episodic landslide movements in vegetated terrain[J]. Remote Sensing of Environment, 2014,147:133-144.

[74] Huang L, Li Z. Comparison of SAR and optical data in deriving glacier velocity with feature tracking[J]. International Journal of Remote Sensing, 2011,32(10):2681-2698.

[75] Jiang Z, Liu S, Peters J, et al. Analyzing Yengisogat Glacier surface velocities with ALOS PALSAR data feature tracking, Karakoram, China

[J]. Environmental Earth Sciences, 2012,67(4):1033-1043.

[76] 刘云华,屈春燕,单新建. 基于 SAR 影像偏移量获取汶川地震二维形变场 [J]. 地球物理学报,2012,55(10):3296-3306.

[77] Yan S, Guo H, Liu G, et al. Mountain glacier displacement estimation using a DEM-assisted offset tracking method with ALOS/PALSAR data [J]. Remote Sensing Letters, 2013,4(5):494-503.

[78] Zhao C, Lu Z, Zhang Q. Time-series deformation monitoring over mining regions with SAR intensity-based offset measurements[J]. Remote Sensing Letters, 2013,4(5):436-445.

[79] Jia L, Li Z W, Wang C C,et al. Using SAR offset-tracking approach to estimate surface motion of the South Inylchek Glacier in Tianshan[J]. Chinese Journal of Geophysics- Chinese Edition, 2013,56(4):1226-1236.

[80] Hu X, Wang T, Liao M. Measuring coseismic displacements with point-like targets offset tracking[J]. IEEE Geoscience and Remote Sensing Letters, 2014,11(1):283-287.

[81] Zhou J, Li Z, Guo W. Estimation and analysis of the surface velocity field of mountain glaciers in Muztag Ata using satellite SAR data[J]. Environmental Earth Sciences, 2014,71(8):3581-3592.

[82] Wang T, Jonsson S. Improved SAR Amplitude Image Offset Measurements for Deriving Three-Dimensional Coseismic Displacements [J]. IEEE Journal of Selected Topics in Applied Earth Observations and Remote Sensing, 2015,8(7):3271-3278.

[83] 陈强,罗容,杨莹辉,等. 利用 SAR 影像配准偏移量提取地表形变的方法 与误差分析[J]. 测绘学报,2015,44(3):301-308.

[84] 邓方慧,周春霞,王泽民,等. 利用偏移量跟踪测定 Amery 冰架冰流汇合 区的冰流速[J]. 武汉大学学报(信息科学版),2015(07):901-906.

[85] Shi X, Zhang L, Balz T,et al. Landslide deformation monitoring using point-like target offset tracking with multi-mode high-resolution Terra-SAR-X data[J]. Journal of Photogrammetry and Remote Sensing, 2015, 105:128-140.

[86] Yan S, Ruan Z, Liu G,et al. Deriving Ice Motion Patterns in Mountainous Regions by Integrating the Intensity-Based Pixel-tracking and Phase-Based D-InSAR and MAI Approaches: A Case Study of the Chongce Glacier[J]. Remote Sensing, 2016,8(8):611.

[87] 牛玉芬.SAR/InSAR 技术用于矿区探测与形变监测研究[D].西安:长安大学,2015.

[88] Fan H, Gao X, Yang J,et al. Monitoring mining subsidence using a combination of phase-stacking and offset-tracking methods[J]. Remote Sensing, 2015,7(7):9166-9183.

[89] Huang J, Deng K, Fan H,et al. An improved Pixel-tracking method for monitoring mining subsidence[J]. Remote Sensing Letters, 2016,7(8):731-740.

[90] Fialko Y,Simons M,Agnew D. The complete (3-D) surface displacement field in the epicentral area of the 1999 Mw7.1 Hector Mine earthguake, California, from Space geodetic observations[J]. Geophysical Research Letters,2001,28(16):3063-3066.

[91] Tobita M, Murakami M, Nakagawa H,et al. 3 - D surface deformation of the 2000 Usu Eruption measured by matching of SAR images[J]. Geophysical Research Letters, 2001,28(22):4291-4294.

[92] Gudmundsson S, Sigmundsson F, Carstensen J M. Three-dimensional surface motion maps estimated from combined interferometric synthetic aperture radar and GPS data[J]. Journal of Geophysical Research: Solid Earth, 2002,107(B10):11-13.

[93] Wright T J,Parsons B, Lu Z. Toward mapping surface deformation in three dimensions using InSAR[J]. Geophysical Research Letters, 2004, 31(1).

[94] Bechor N B D, Zebker H A. Measuring two-dimensional movements using a single InSAR pair[J]. Geophysical Research Letters, 2006,33(16).

[95] Jung H S, Won J S, Kim S W. An improvement of the performance of multiple-aperture SAR interferometry (MAI)[J]. Geoscience & Remote Sensing IEEE Transactions on, 2009,47(8):2859-2869.

[96] Hu J, Li Z W, Ding X L,et al. Resolving three-dimensional surface displacements from InSAR measurements: A review[J]. Earth-Science Reviews, 2014,133:1-17.

[97] Zhu C G, Deng K Z, Zhang J X,et al. Three-dimensional deformation field detection based on multi-source SAR imagery in mining area[J]. Journal of the China Coal Society, 2014,39(4):673-678.

[98] Li Z W, Yang Z F, Zhu J J, et al. Retrieving three-dimensional displacement fields of mining areas from a single InSAR pair[J]. Journal of Geodesy, 2015, 89(1):17-32.

[99] Diao X, Wu K, Hu D, et al. Combining differential SAR interferometry and the probability integral method for three-dimensional deformation monitoring of mining areas[J]. International Journal of Remote Sensing, 2016, 37(21):5196-5212.

[100] Diao X, Wu K, Zhou D, et al. Integrating the probability integral method for subsidence prediction and differential synthetic aperture radar interferometry for monitoring mining subsidence in Fengfeng, China[J]. Journal of Applied Remote Sensing, 2016, 10(1):16028.

[101] Massonnet D, Rossi M, Carmona C, et al. The displacement field of the Landers earthquake mapped by radar interferometry[J]. Nature, 1993, 364(6433):138-142.

[102] Sandwell D T, Price E J. Phase gradient approach to stacking interferograms[J]. Journal of Geophysical Research Atmospheres, 1998, 103 (B12):30183-30204.

[103] Strozzi T, Wegmuller U. Land subsidence in Mexico City mapped by ERS differential SAR interferometry [C]. Geoscience and Remote Sensing Symposium, 1999.

[104] Raucoules D, Maisons C, Carnec C, et al. Monitoring of slow ground deformation by ERS radar interferometry on the Vauvert salt mine (France): Comparison with ground-based measurement[J]. Remote Sensing of Environment, 2003, 88(4):468-478.

[105] Wright T J, Parsons B, England P C, et al. InSAR observations of low slip rates on the major faults of western Tibet[J]. Science, 2004, 305 (5681):236.

[106] Ferretti A, Prati C, Rocca F. Nonlinear subsidence rate estimation using permanent scatterers in differential SAR interferometry [J]. IEEE Transactions on Geoscience & Remote Sensing, 2000, 38 (5): 2202-2212.

[107] Ferretti A, Prati C, Rocca F. Permanent scatterers in SAR interferometry[J]. IEEE Transactions on Geoscience & Remote Sensing, 1999, 39 (1):8-20.

[108] Ferretti A，Savio G，Barzaghi R，et al. Submillimeter accuracy of InSAR time series：Experimental Validation[J]. IEEE Transactions on Geoscience & Remote Sensing，2007,45(5):1142-1153.

[109] Colesanti C，Ferretti A，Novali F，et al. SAR monitoring of progressive and seasonal ground deformation using the permanent scatterers technique[J]. IEEE Transactions on Geoscience & Remote Sensing，2003，41(7):1685-1701.

[110] Lanari R，Mora O，Manunta M，et al. A small-baseline approach for investigating deformations on full-resolution differential SAR interferograms[C]. Picture Coding Symposium，2013.

[111] Berardino P，Fornaro G，Lanari R，et al. A new algorithm for surface deformation monitoring based on small baseline differential SAR interferograms[J]. Geoscience & Remote Sensing IEEE Transactions on，2002,40(11):2375-2383.

[112] Zhang L，Lu Z，Ding X，et al. Mapping ground surface deformation using temporarily coherent point SAR interferometry：Application to Los Angeles Basin[J]. Remote Sensing of Environment，2012,117(1)：429-439.

[113] Zhang L，Ding X，Lu Z. Ground settlement monitoring based on temporarily coherent points between two SAR acquisitions[J]. Journal of Photogrammetry & Remote Sensing，2011,66(1):146-152.

[114] Zhang L，Ding X，Lu Z. Modeling PSInSAR Time Series Without Phase Unwrapping[J]. Geoscience & Remote Sensing Transactions，2011,49(1):547-556.

[115] Werner C，Wegmuller U，Strozzi T，et al. Precision estimation of local offsets between pairs of SAR SLCs and detected SAR images[J]. IEEE International Geoscience &amp；Remote Sensing，2005.

[116] Heid T，Kääb A. Evaluation of existing image matching methods for deriving glacier surface displacements globally from optical satellite imagery[J]. Remote Sensing of Environment，2012,118:339-355.

[117] 郭华东.雷达对地观测理论与应用[M].北京:科学出版社,2000.

[118] Wang Q J，Zhi-Wei L I，Ya-Nan D U，et al. Generalized functional model of maximum and minimum detectable deformation gradient for PALSAR interferometry[J]. Transactions of Nonferrous Metals Society

of China，2014，24(3)：824-832.

[119] Jiang M，Li Z W，Ding X L，et al. Modeling minimum and maximum detectable deformation gradients of interferometric SAR measurements [J]. International Journal of Applied Earth Observation & Geoinformation，2011，13(5)：766-777.

[120] Baran I，Stewart M，Claessens S. A new functional model for determining minimum and maximum detectable deformation gradient resolved by satellite radar interferometry[J]. 2005，43(4)：675-682.

[121] Du Z，Ge L，Li X，et al. Subsidence monitoring over the southern coalfield，Australia using both L-band and C-band SAR time series analysis[J]. Remote Sensing，2016，8(7)：543.

[122] Liu W，Bian Z，Liu Z，et al. Evaluation of a cubature kalman filtering-based phase unwrapping method for differential interferograms with high noise in coal mining areas[J]. Sensors，2014，15(7)：16336-16357.

[123] Wempen J M，Mccarter M K. Comparison of L-band and X-band differential interferometric synthetic aperture radar for mine subsidence monitoring in central Utah[J]. International Journal of Mining Science & Technology，2017，27(1)：159-163.

[124] 邓喀中，王刘宇，范洪冬. 基于 InSAR 技术的老采空区地表沉降监测与分析[J]. 采矿与安全工程学报，2015，32(6)：918-922.

[125] Necsoiu M，Onaca A，Wigginton S，et al. Rock glacier dynamics in Southern Carpathian Mountains from high-resolution optical and multi-temporal SAR satellite imagery[J]. Remote Sensing of Environment，2016，177：21-36.

[126] Ouchi K. Recent Trend and Advance of Synthetic Aperture Radar with Selected Topics[J]. Remote Sensing，2013，5(2)：716-807.

[127] 廖明生，唐婧，王腾，等. 高分辨率 SAR 数据在三峡库区滑坡监测中的应用[J]. 中国科学：地球科学，2012(02)：217-229.

[128] 靳国旺，徐青，张红敏.合成孔径雷达干涉测量[M].北京:国防工业出版社,2014.

[129] Debella-Gilo M，Kääb A. Sub-pixel precision image matching for measuring surface displacements on mass movements using normalized cross-correlation[J]. Remote Sensing of Environment，2011，115(1)：130-142.

[130] Sun L，Muller J. Evaluation of the use of sub-pixel offset tracking tech-niques to monitor landslides in densely vegetated steeply sloped areas [J]. Remote Sensing，2016,8(8):659.

[131] 刘辉.西部黄土沟壑区采动地裂缝发育规律及治理技术研究[D].徐州:中国矿业大学,2014.

[132] 王业显.大柳塔矿重复采动条件下地表沉陷规律研究[D].徐州:中国矿业大学,2014.

[133] 黄继磊.星载 D-InSAR 技术在矿区形变监测中的应用研究[D].昆明:昆明理工大学,2013.

[134] Wang C，Mao X，Wang Q. Landslide displacement monitoring by a fully polarimetric SAR offset tracking method[J]. Remote Sensing，2016,8 (8):624.

[135] Leprince S，Barbot S，Ayoub F,et al. Automatic and precise orthorecti-fication，coregistration，and subpixel correlation of satellite images，application to ground deformation measurements [J]. IEEE Transactions on Geoscience and Remote Sensing，2007，45（6）:1529-1558.

[136] Sansosti E，Berardino P，Manunta M,et al. Geometrical SAR image registration[J]. IEEE Transactions on Geoscience and Remote Sensing，2006,44(10):2861-2870.

[137] 刘广，郭华东，范景辉.基于外部 DEM 的 InSAR 图像配准方法研究[J].遥感技术与应用,2008,23(1):72-76.

[138] 詹蕾，汤国安，杨昕. SRTM DEM 高程精度评价[J].地理与地理信息科学，2010,26(1):34-36.

[139] Hanssen R F. Radar interferometry data interpretation and error analysis[J]. Journal of the Graduate School of the Chinese Academy of Sciences，2001,2(1):V5-V577.

[140] Ketelaar V B H. Satellite radar interferometry Subsidence Monitoring Techniques[J]. 2009.

[141] 祝传广，邓喀中，张继贤，等. 基于多源 SAR 影像矿区三维形变场的监测 [J].煤炭学报,2014,39(4):673-678.

[142] 祝传广，张继贤，邓喀中，等. 多源 SAR 影像监测矿区建筑物三维位移场 [J].中国矿业大学学报,2014,43(4):701-706.

[143] 杨俊凯.面向矿区大梯度形变监测的 SAR 信息提取方法研究[D].徐州:

中国矿业大学,2016.

[144] 胡俊,李志伟,朱建军,等.融合升降轨 SAR 干涉相位和幅度信息揭示地表三维形变场的研究[J].中国科学:地球科学,2010(3):307-318.

[145] Wang H,Ge L,Xu C,et al. 3-D coseismic displacement field of the 2005 Kashmir earthquake inferred from satellite radar imagery[J]. Earth, Planets and Space,2007,59(5):343-349.

[146] 刘晓菲,邓喀中,范洪冬,等.D-InSAR 监测老采空区残余变形的试验[J].煤炭学报,2014,39(3):467-472.

[147] 范洪冬,邓喀中,薛继群,等.利用时序 SAR 影像集监测开采沉陷的试验研究[J].煤矿安全,2011,42(2):15-18.

[148] Zhou L,Zhang D,Wang J,et al. Mapping Land Subsidence Related to Underground Coal Fires in the Wuda Coalfield (Northern China) Using a Small Stack of ALOS PALSAR Differential Interferograms [J]. Remote Sensing,2013,5(3):1152-1176.

[149] Samsonov S. Topographic correction for ALOS PALSAR interferometry [J]. Geoscience & Remote Sensing IEEE Transactions on,2010,48 (7):3020-3027.

[150] Jiang L,Lin H,Ma J,et al. Potential of small-baseline SAR interferometry for monitoring land subsidence related to underground coal fires: Wuda (Northern China) case study [J]. Remote Sensing of Environment,2011,115(2):257-268.

[151] Nádudvari Á. Using radar interferometry and SBAS technique to detect surface subsidence relating to coal mining in Upper Silesia from 1993-2000 and 2003-2010 [J]. Environmental & Socio-economic Studies, 2016,4(1):24-34.

[152] Bateson L,Cigna F,Boon D,et al. The application of the intermittent SBAS (ISBAS) InSAR method to the South Wales coalfield,UK[J]. International Journal of Applied Earth Observation & Geoinformation, 2015,34(1):249-257.

[153] 尹宏杰,朱建军,李志伟,等.基于 SBAS 的矿区形变监测研究[J].测绘学报,2011(01):52-58.

[154] Crosetto M,Monserrat O,Devanthéry N,et al. Persistent Scatterer Interferometry: A review [J]. Isprs Journal of Photogrammetry & Remote Sensing,2016,115:78-89.

[155] Sun Q，Zhang L，Ding X，et al. Investigation of Slow-Moving Landslides from ALOS/PALSAR Images with TCPInSAR：A Case Study of Oso，USA[J]. Remote Sensing，2014，7(1)：72-88.

[156] Liu G，Jia H，Nie Y，et al. Detecting Subsidence in Coastal Areas by Ultrashort-Baseline TCPInSAR on the Time Series of High-Resolution TerraSAR-X Images[J]. IEEE Transactions on Geoscience & Remote Sensing，2014，52(4)：1911-1923.

[157] Dai K R，Liu G X，Yu B，et al. Detecting subsidence along a high speed railway by ultrashort baseline TCP-InSAR with high resolution images [C].Serving Society with Geoinformatics，2013.

[158] Zebker H A，Villasenor J. Decorrelation in interferometric radar echoes [J]. IEEE Transactions on Geoscience & Remote Sensing，1992，30 (5)：950-959.

[159] 谭志祥，邓喀中.建筑物下采煤理论与实践[M].徐州：中国矿业大学出版社，2009.

[160] 何国清，杨伦，凌赓娣，等.矿山开采沉陷学[M].徐州：中国矿业大学出版社，1991.

[161] 陈炳乾，邓喀中，范洪冬. 基于 D-InSAR 技术和 SVR 算法的开采沉陷监测与预计[J]. 中国矿业大学学报，2014，43(5)：880-886.